Christina Wessely
Künstliche Tiere

Kaleidogramme Band 31

Christina Wessely, geb. 1976, Studium der Geschichte und Kulturwissenschaften in Wien und Berlin, war als Postdoctoral Research Fellow am Max Planck-Institut für Wissenschaftsgeschichte Berlin und am Department of the History of Science der Harvard University tätig. Derzeit ist sie wissenschaftliche Mitarbeiterin am Institut für Geschichte der Universität Wien.

Christina Wessely

Künstliche Tiere

Zoologische Gärten und urbane Moderne

Kulturverlag Kadmos Berlin

Die Deutsche Bibliothek – CIP-Einheitsaufnahme

Die Deutsche Bibliothek verzeichnet diese Publikation in der Deutschen Nationalbibliographie; detaillierte bibliographische Daten sind im Internet unter http://dnb.ddb.de abrufbar

Internet: www.kv-kadmos.com
Umschlaggestaltung: kaleidogramm, Berlin.
Gestaltung und Satz: kaleidogramm, Berlin
Druck: Dimograf
Printed in EU
ISBN (10-stellig) 3-86599-057-6
ISBN (13-stellig) 978-3-86599-057-0

Inhalt

Vorwort

Im Jahr 1998 startete am österreichischen Bundesministerium für Bildung, Wissenschaft und Kunst der Forschungsschwerpunkt Kulturwissenschaften/Cultural Studies, in dem es in den folgenden Jahren darum ging, den Dialog über Theorie und Praxis interdisziplinärer kulturwissenschaftlicher Arbeit zu intensivieren, Cultural Studies als intellektuelle Praxis zu vertiefen und experimentelle Formen wissenschaftlicher Auseinandersetzung zu ermöglichen. Als kulturwissenschaftliches Netzwerkprojekt umfasste der Forschungsschwerpunkt mehr als fünfzig Forschungsvorhaben; eines davon war das Projekt *Mensch, Tier und Zoo*, an dem ich mit Paulus Ebner und Markus Feigl unter der Leitung von Mitchell G. Ash gearbeitet habe. Die Erkenntnisse aus diesem Projekt stellen die Grundlage für die vorliegende Arbeit dar, die eine wesentlich gekürzte und stark überarbeitete Fassung des im Jahr 2004 als Dissertation eingereichten Textes darstellt und vom Ziel inspiriert ist, Positionen der Cultural Studies im historischen Kontext zu überprüfen und an offene Forschungsfragen im Bereich der Kulturgeschichte von Tiergärten heranzutragen.

Mein Dank gilt dem österreichischen Bundesministerium für Bildung, Wissenschaft und Kunst (heute: Österreichisches Bundesministerium für Wissenschaft und Forschung) für die Förderung der Arbeit und ihrer Drucklegung sowie all jenen, die meine Forschungen unterstützt haben: Allen voran Mitchell G. Ash für seine stets fördernde Betreuung der Dissertation, aus der dieses Buch entstanden ist, sowie für die mittlerweile jahrelange freundschaftliche Unterstützung und Begleitung meines akademischen Weges; Siegfried Mattl, Oliver Hochadel, Mario Wimmer, Paulus Ebner, Markus Feigl, Anja Schwanhäußer und der Arbeitsgruppe zum 250-jährigen Jubiläum des Tiergartens Schönbrunn für die vielen interessanten und hilfreichen Diskussionen, Anmerkungen und Hinweise. Gerhard Heindl danke ich für die große Unterstützung meiner Arbeiten im Archiv des Tiergartens Schönbrunn sowie den Mitarbeiterinnen und Mitarbeitern der Zentral- und Landesbibliothek Berlin (Haus Berliner Stadtbibliothek, Zentrum für Berlinstudien) für die Hilfe vor Ort und die raschen und unbürokratischen Auskünfte per email. In besonderem Maße möchte ich der von der British

Academy unterstützten Forschungsgruppe *The Archaeology of Zoos* mit Sofia Åkerberg, Tony Axelsson, Sarah Cross, Kathryn Denning, Cornelius Holtorf, Koen Margodt, Oscar Ortman und David Van Reybrouck für die inspirierende Zusammenarbeit sowie Britta Lange und Bernhard Bolech für die aufmerksame Korrektur des Manuskripts danken.

Einleitung

Auf den Netzplänen der Wiener U-Bahn findet der orientierungssuchende Stadtreisende bei aufmerksamer Lektüre vier Piktogramme. Das größte zeigt im Zentrum des Gewebes bunter Linien den Stephansdom, das Wahrzeichen Wiens in der Mitte der Stadt. Ein zweites stellt ein Flugzeug dar, um auf den *City Airport Train* CAT hinzuweisen, der die Stadt mit dem außerhalb liegenden Flughafen verbindet. Die beiden anderen bilden jedoch nicht etwa kulturhistorische Sehenswürdigkeiten ab oder verweisen auf besondere Verkehrsknotenpunkte, wie man vermuten könnte. Vielmehr zeigen sie Tiere, einen Elefanten und einen Hai. Der Elefant steht nahe der Station Hietzing als Repräsentant für die meistbesuchte Attraktion Wiens, den Schönbrunner Tiergarten, der Hai verweist bei der Station Neubaugasse auf das dort befindliche *Haus des Meeres*, ein Aquarium, das kaum zu den prominentesten Attraktionen der Stadt zählt.

Die beiden Tiere markieren demnach möglicherweise nicht hauptsächlich bestimmte Sehenswürdigkeiten, sondern dienen vielmehr der Verortung von Natur in der Stadt. Indem sie das Natürliche eindeutig an bestimmte Orte verweisen, regeln sie dessen Vorkommen im urbanen Raum und scheinen damit gleichzeitig unerlaubtes Auftreten von Natur in der Stadt auszuschließen.

Adressierungen des Natürlichen im urbanen Kontext verfügen über eine lange Tradition, als deren Anfangspunkt man mit einigem Recht die komplexen Strategien des Ein- bzw. Ausschlusses von Natur im Zuge der Entstehung der modernen Großstadt nennen kann. Im 19. und frühen 20. Jahrhundert wurden Haustiere »aus allen konkreten Lebens- und Ar-

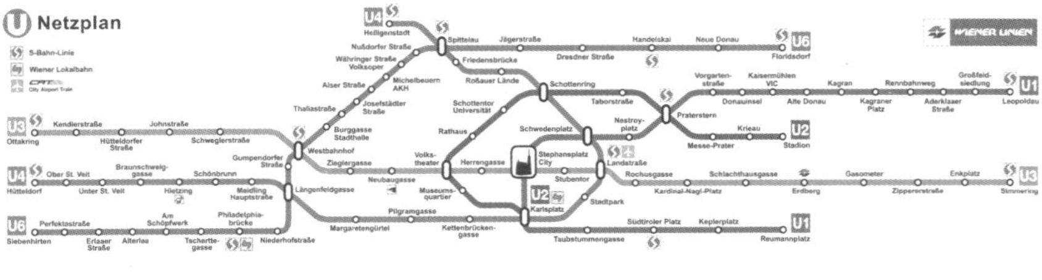

Abb. 1: Natur in der Stadt – und wie man zu ihr gelangt.

beitskontexten der Moderne [verdrängt]« – Rinder wurden durch Traktoren, Mähdrescher und andere landwirtschaftliche Maschinen ersetzt, Schafe durch Verfahren zur Produktion synthetischer Bekleidung, die Kavallerie zugunsten von Panzerdivisionen ausgetauscht, Pferdekutschen zugunsten von Eisenbahnen und Automobilen, die Weichen der Lasttiere verschwanden im Austausch gegen Kräne und Bagger, Brieftauben wurden durch Telefone ersetzt.[1] Schlachthöfe und Tierzuchtbetriebe wurden systematisch aus dem Stadtraum ausgegliedert, Flüsse reguliert und damit ihrer ›Wildheit‹ beraubt, die Stadt mit unzähligen Hygieneverordnungen überzogen. Gleichzeitig wurden Initiativen für Vegetarismus ins Leben gerufen, wurde Natur zum Gegenstand romantischer Sehnsüchte und edukativer Bestrebungen, Tierschutzvereine gegründet, bevölkerten Haustiere, ›echte‹ und solche aus Stoff und Plüsch, die Wohn- und Kinderzimmer der bürgerlichen Haushalte – die »offenbar unbeschränkte Lizenz zur Projektion«[2], die Thomas Macho in Bezug auf heutige Schoß-, Kuschel- und Heimtiere konstatiert, hat ihre Wurzeln im 19. Jahrhundert. Mehr denn je spielten sich Mensch-Tier-Beziehungen in dem Dazwischen von tief empfundener Nähe zum Tier und bedrohlicher Transgression des Tierischen in das menschliche Universum ab.

Die Entstehung Zoologischer Gärten seit etwa den 1850er Jahren kann dabei beiden Seiten dieser scheinbar widersprüchlichen Aufzählung zugerechnet werden. Die Zoos, die seit der Mitte des Jahrhunderts in ganz Europa gegründet wurden, sind mit ihren spezifischen Ästhetiken des Einsperrens, Ankettens und Abschließens ebenso physische Materialisationen der Furcht und des Unbehagens, die durch die unscharf gewordenen Grenzen zwischen Mensch und Tier ausgelöst wurden, wie Ausdruck einer neuen Natursentimentalität, die das Tier als Begleiter, Weggefährten, Freund, Lehrmeister und Spiegelbild begreift, das mitten in der Stadt, also im Zentrum der scheinbar ausschließlich menschlich dominierten Sphäre, zu finden ist.

Waren die Menagerien früherer Jahrhunderte Teil fürstlicher Repräsentation, stellten die von den neuen bürgerlichen Eliten gegründeten Zoologischen Gärten eindrücklich deren gesellschaftlichen Führungsanspruch und weltanschauliche Positionen aus, die dort in idealer Art und Weise naturalisiert wurden. »Jede große Hauptstadt Europa's [...] hat bereits ihre Museen, zoologischen, botanischen und anderen Gärten, Gartenlauben«, bemerkte die populäre Familienzeitschrift *Gartenlaube* 1856 und bestimmte damit den Kanon der Institutionen, in denen das städtische Bürgertum seine sozialen, politischen und kulturellen Vorstellungen auf »lehrreich-unterhaltsame« Weise einer breiten Öffentlichkeit vermittelte.[3] Zoologische Gärten gerieten zu »nationale[n] Wahrzeichen, die die Stärke und den imperialistischen Anspruch des Landes sowie den Ruhm seiner Bürger symbolisierte[n]«[4], sie waren Statussymbole eines selbstbewussten städtischen Bürgertums, Manifestationen des Engagements des lokalen »Wissenschafts-, Wirtschafts- und Kolonialestablishments, nationale Wahrzeichen, die die Stärke und den imperialistischen Anspruch des Landes sowie den Ruhm seiner Bürger symbolisierte[n]«[5], zentrale Orte einer im Laufe des Jahrhunderts entstehenden urbanen Freizeitkultur, soziale Orte des Zusammentreffens von Mensch und Tier und von Menschen untereinander, waren – und sind es bis heute – Räume zwischen Natur und Kultur, an denen die Grenzen dieser beiden Kategorien permanent neu ausverhandelt und versetzt werden. Nicht trotz, sondern gerade aufgrund ihrer Position in der Mitte der Stadt waren sie in der Lage, Figurationen des Fremden, Exotischen und Primitiven wirkungsvoll zu kommunizieren.

Der ›Zoo-Boom‹ des 19. Jahrhunderts begann in Großbritannien mit den Gründungen in London 1828, Dublin 1931, Bristol 1935, Manchester 1836 und Leeds 1840. Es folgten Amsterdam 1838 und Antwerpen 1843. Die Gründung des Zoos in Berlin 1844 führte zu einer enormen Gründungswelle in Deutschland: Die Gärten in Frankfurt (1858), Köln (1860), Dresden (1861), Hamburg (1863), Hannover, Karlsruhe und München (alle 1864) entstanden innerhalb nur weniger Jahre. Auch außerhalb Deutschlands gehörten Zoologische Gärten bald zum Kanon städtischer Kultureinrichtungen, und so wurden bis zur Jahrhundertwende in so gut wie jeder europäischen Metropole – Kopenhagen 1859, Moskau 1863, Budapest 1865, Basel 1874, Stockholm 1883, Lissabon 1883, Sofia 1890, Barcelona 1892 – derartige Institutionen errichtet.

Von einem unsicheren Umgang mit den Kategorien Natur und Kultur war im Selbstbild der neuen Institute nichts zu merken. Von ihrer Gründung an reklamierten die neuen »grünen Oasen« das Monopol auf ›die Natur‹ im städtischen Kosmos. Im Zoo machte städtische Hektik vergnüglich-lehrreichem Flanieren Platz, ersetzten grüne Landschaften die grauen Häuserschluchten und versetzten exotische Tierhäuser und deren Bewohner den Besucher in fremde Welten, die mit dem Großstadtgetümmel jenseits der Mauern nichts mehr zu tun hätten. Natur und Kultur schienen fein getrennt – Gittertore, steinerne Elefanten, marmorne Löwen und erzene Adler bewachten ihre Grenze.

Tatsächlich jedoch erwiesen sich diese Trennlinien als äußerst brüchig und durchlässig. Die Zoos waren nicht nur von den Stadtbewohnern bevölkert, die am Wochenende zu zehntausenden in die Gärten strömten und die Ordnung der Natur auf eine harte Probe stellten, sondern auch von einer Unmenge künstlicher Tiere, die in sich eine Vielzahl urbaner Träume, Wünsche und Sehnsüchte versammelten. Sie erschienen als Materialisierungen unterschiedlichster Praktiken, die darauf abzielten, das Fremde dem Eigenem einzuverleiben und es dennoch in seiner Exotik scheinbar unangetastet zu lassen. »Künstliche Tiere etc.«[6] – der Titel verdankt sich einer Produktkategorie des Warenhauses Wertheim, das jene 1903 zum Kauf anbot – dienen auf analytischer Ebene dazu, auf die Paradoxien des urbanen Naturdiskurses zu verweisen, seine Brüche und Verschiebungen offenzulegen. In ihnen treffen und vereinen sich – unter gleichzeitigem emphatischem Beschwören ihrer Differenz – die beiden scheinbar oppositionellen Pole von Kultur und Natur. Der Blick auf diese Figuren wird in Folge erweitert, und es werden darunter die Wesen verstanden, die in sich scheinbar bruchlos heterogene Fragmente kultur- und naturhistorischen, literarischen und politischen Wissens, Klischees und Imaginationen über die Tiere im Zoo und ihre vielfältigen Repräsentationen außerhalb davon vereinen. Der Begriff versammelt somit die Konnotationen der echten, aus fernen Ländern importierten Tiger, Antilopen oder Nashörner, jene der in populären Naturkundebüchern und auf vor Ort käuflichen Ansichtskarten abgebildeten idealen Vertreter ihrer Art, ebenso die der in Gedichten, Liedern und populären Erzählungen beschriebenen Fauna und die der Spielzeugtiere aus Stoff oder Fell, mit Rollen oder beweglichen Beinen. All diese Bedeutungen treffen in den Zootieren aufeinander und lassen sie als künstliche Tiere erscheinen, echt und fabriziert, natürlich und erdacht gleichermaßen.

Es geht darum, die Spuren, die diese hybriden Wesen in den Quellen und in den Gärten selbst, auf Papier und Stein und in den Vorstellungswelten ihrer Betrachter hinterlassen haben, so weit wie möglich zu verfolgen, diese Wesen auf die Möglichkeiten und Bedingungen ihres Zustandekommens zu untersuchen und nicht zuletzt zu zeigen, wie eng die künstlichen Tiere dem Ort ihres Auftauchens, den Metropolen des späten 19. und frühen 20. Jahrhunderts, verbunden waren. Dabei erlaubt die Beschäftigung mit den künstlichen Tieren auch den Blick auf diejenigen, die mit ihrer Herstellung befasst waren, nutzten städtische Eliten die Zoos und ihre Bewohner doch nicht zuletzt, um sich der eigenen Zivilisiertheit zu versichern. Als in einem der »künstlichen Paradiese« der Jahrhundertwende – gemeinsam mit Weltausstellungen, Gärten und Parks, Einkaufspassagen und Warenhäusern, Dioramen und Kinos – wurden in Zoos nicht nur ihre idealen tierischen Bewohner imaginiert; sie waren stets auch damit befasst, den idealen Bürger hervorzubringen – »gewissermaßen durch die künstliche Welt auch den künstlichen Menschen erschaffen«.[7]

Insgesamt soll also den Produktionsbedingungen und der merkwürdigen Attraktion fabrizierter Natur im Zoo auf die Spur gekommen und dabei deutlich gemacht werden, dass diese Institution nicht trotz, sondern aufgrund des Rückgriffs auf unterschiedliche Formen des Echten und Vertrauten glaubwürdig erschien. Die Beschreibungen der entlegensten Weltregionen und exotischsten Kulturen, wie sie in den populären naturgeschichtlichen Büchern und Zeitschriften zu finden waren, schienen sich auf bemerkenswerte Weise in die Entfremdungserfahrungen zu fügen, mit denen sich die Zoobesucher als Bewohner moderner Goßstädte konfrontiert sahen und die umgekehrt wieder in Darstellungen des authentisch Wilden und Naturhaften der Zoologischen Gärten um 1900 integriert wurden. Insofern muss populäre Zoologie um die Wende zum 20. Jahrhundert immer aus der Perspektive des urbanen Kosmos gedacht werden, in dem sie sich abspielte, schrieben sich die Lebenswelten und Bildungsideale des großstädtischen Bürgertums doch permanent in die Wissensbestände zeitgenössischer Naturgeschichte ein, wie sie im Zoo zur Schau gestellt wurden, während gleichzeitig das im Zoo zur Darstellung gebrachte Wissen diese kulturellen Vorstellungen beständig transformierte. Es geht mit Emma Spary also darum, das »naturgeschichtlich-kulturelle Geflecht« zu beschreiben, über das die »Beziehungen zwischen Welt und naturgeschichtlichem Objekt« organisiert sind und zu zeigen, dass die »Sammlung und ihr kultureller Ort [...] wie ein Rückkopplungssystem [funktionieren], indem sie sich ständig gegenseitig [beeinflussen].«[7a]

Tiergärten als Gegenstand kulturwissenschaftlicher Forschung

Die systematische Untersuchung jener Bedeutungen von Menagerien, Tiergärten und Zoos, die über die gängig tradierten als unverfälschter Naturraum oder anachronistische Volksbelustigung im Zentrum der modernen Stadt hinausgehen, wurde in der kulturwissenschaftlichen Literatur erst vor etwa einem Jahrzehnt begonnen. Um die Mitte der 1990er Jahre entstanden die ersten Beiträge zur Geschichte dieser Institutionen, die sie als kulturelle, soziale und politische Orte begriffen. Davor sind lediglich einige wenige institutionengeschichtliche Publikationen zu verzeichnen, die meist zu Jubiläen oder anderen Festtagen großer Zoos entstanden (z.B. Klös 1969, Fiedler 1976), sowie die mittlerweile als Klassiker der Tiergartengeschichte geltenden Werke von Loisel zur Geschichte von Menagerien und Tiergärten (1913) und Hediger (1977).

Die späte Beschäftigung mit Zoologischen Gärten mag vor allem an ihrem hybriden Charakter liegen, waren sie doch niemals nur Orte der Wissenschaft, aber auch nie ausschließlich Vergnügungsorte, sie waren nicht eindeutig hochkulturell, genauso wenig zogen sie aber ausschließlich nur das ›einfache Volk‹ an. Einer früheren Auseinandersetzung mit dem Thema Zoo stand damit möglicherweise nicht nur die durch den Gegenstand vorgegebene Notwendigkeit eines multidisziplinären Herangehens hinderlich entgegen, das sich gegen eine eindeutige Zuordnung zu den Kultur-, Sozial- oder Lebenswissenschaften sperrte, sondern auch die historiographische Marginalisierung populärkultureller Orte und Praktiken, die erst in den letzten Jahrzehnten als Schlüsselorte der Moderne erkannt wurden.

Die neuere Literatur zur Kulturgeschichte Zoologischer Gärten ist also zum einen der kulturwissenschaftlichen Wende in den Geistes- und Sozialwissenschaften, zum anderen auch der Etablierung, Disziplinierung und Institutionalisierung der neueren Kulturwissenschaften im deutschsprachigen Raum zuzuschreiben, die populäre Alltags- und Freizeitkulturen sowie deren politische Dimensionen verstärkt ins Blickfeld rückten. Zwar nehmen auch in diesen Texten Fragen nach den Organisationsformen und institutionellen Strukturen von Tiergärten, nach Zielen und Personalien der Gründung und Führung, Tierbeschaffung und Organisation, nach Gestaltungsprinzipien der Gärten und der Wissenspopularisierung breiten Raum ein, werden aber ergänzt um Überlegungen, die nach den Inszenierungen des Verhältnisses von Menschen und Tieren im Zoo fragen und an den diskursiven Traditionen verschiedener Konzepte von Natur, Exotik und Fremdheit interessiert sind (Ritvo 1987 und 1998, Hoage/Deiss 1996, Baratay/Hardouin-Fugier 1998, Rieke-Müller/Dittrich 1998, Mullan/Marvin 1999, Holtorf 2000, Buchner-Fuhs 2001, Dittrich/von Engelhard/Rieke-Müller 2001, Ash/Dittrich 2002, Hyson 2002, Rothfels 2002).

In diesen neueren Forschungen wurde auch die zentrale Rolle, die Zoos als urbane Einrichtungen und »charakteristische Folgeerscheinungen städtischer Kultur und bürgerlichen Wohlstandes«[8] spielen, thematisiert (neben den oben genannten auch Jahn 1992, Buchner 1996, Ames 2000). Darin wurden vor allem die Zoologischen Gärten des 19. Jahrhunderts in ihrer Eigenschaft als bedeutende Orte kommunalpolitischen und von Vereinen getragenen Engagements, urbaner Freizeitkulturen und populärer Naturkunde ins Blickfeld genommen. Aufgrund des gesellschaftlichen Status ihrer Initiatoren und ihrer weltanschaulichen Ausrichtung wurden und werden diese Gärten – dies sei an dieser Stelle als Nebenbemerkung und Erklärung der eigenen Terminologie festgehalten – in der Forschungsliteratur gemeinhin als »bürgerliche Zoos«, vor allem in Abgrenzung zu den fürstlichen Menagerien des 18. Jahrhunderts, bezeichnet. Der Einsatz des Begriffs »bürgerlich« erscheint dabei oft undifferenziert und ungenau[9], denn weder können damit die soziopolitischen Umstände der Gründung ausreichend erklärt werden, – kamen doch gerade im deutschen Sprachraum ›bürgerliche‹ Zoogründungen fast immer durch Allianzen mit aristokratischen Fürsprechern zustande – noch lässt sich damit die Besucherstruktur der neuen Einrichtungen beschreiben, handelte es sich bei deren Publikum doch keineswegs nur um die urbane Bourgeoisie. Dennoch ist der Begriff des »bürgerlichen Zoos« als Kategorie in der Literatur fest etabliert und wird daher auch hier verwendet, allerdings nicht ohne den Hinweis darauf, dass die Unschärfe des Begriffs aus den gerade genannten Gründen stets mitgedacht werden muss.

Neben den neueren kulturwissenschaftlichen Untersuchungen entstand im letzten Jahrzehnt eine Reihe von Texten, die sich methodisch und in der Wahl ihrer Themen den angloamerikanischen *Cultural Studies* verpflichteten. Sie wandten sich vor allem rezeptionsästhetischen Fragestellungen im weitesten Sinne zu und fragten, wie Menschen im Zoo handeln, wie sie mit unterschiedlichen Konzeptionen von Natur umgehen und ob sie den Erwartungen entsprechen, die den jeweiligen Programmatiken inhärent sind und an sie als Teil eines Kollektivs »idealer Menschen« gestellt werden (Malamud 1998, Wessely/Ebner/Feigl 2003 sowie die Arbeiten der Forschungsgruppe *Archaeology of Zoos*, etwa Åkerberg 1999, Holtorf/Van Reybrouck 2003, Holtorf 2008a; weitere Publikationen und Vorträge unter http://www.yorku.ca/kdenning/Zoo/zoohome.htm). In einem historischen Kontext sind diese Fragen jedoch nach wie vor noch wenig erforscht – Ausnahmen bilden etwa Hochadel 2002, Wessely 2002, 2008, Klemun 2008.

Dass sie dabei ähnlich anderen »Traumhäusern des Kollektivs« im Sinne Walter Benjamins als Kristallisationspunkte städtischer Wünsche wahrgenommen werden müssen und in verdichteter, oft heterotopischer Form urbane Erfahrungen und Imaginationen als Spiegel- und Gegenbilder darstellen, wurde dabei berücksichtigt, jedoch noch nicht systematisch erforscht. Festzustellen ist, dass auch einschlägige kulturwissenschaftliche Studien, die sich mit der Wirkmächtigkeit der Imaginationsfigur des Primitiven im Diskurs um die moderne Metropole auseinandersetzen, zwar Weltausstellungen, Kinos, Völkerschauen und Freilichtmuseen als »urbane Attraktionen, die auf allgemein zugängliche Weise die Zivilisationsdynamik verräumlichen und *en miniature* im Raum der Stadt ›begehbar‹ machen«,[10] untersuchen; gerade die Rolle Zoologischer Gärten, auf die so viel davon zuzutreffen scheint, wurde dabei jedoch häufig nicht in den Blick genommen.[11]

Die Themen dieses Buches

Die zentrale Frage, die die fünf großen Abschnitte dieses Buches miteinander in Verbindung setzt, verweist auf die vielfältigen, komplexen und weit verzweigten Beziehungen von Zoo und Stadt um 1900, deren Geflecht die künstlichen Tiere ihre Existenz verdanken. Anhand der Geschichte zweier Institutionen, der Schönbrunner Menagerie und des Berliner Zoologischen Gartens, wird versucht, derartige Referenzen und Verbindungslinien sichtbar zu machen. Beide Institutionen sind auf je spezifische Weise mit Kulturen des Städtischen und spezifischen Anforderungen und Interessen der Stadtbevölkerung verknüpft, sie schreiben sich im Laufe des zu untersuchenden Zeitraumes unterschiedlich in Diskurse um Wildheit und Kontrolle im urbanen Raum ein.

Durch alle Kapitel hindurch geht es darum, die Verhandlungen um Eigenes und Fremdes, um Kultur und Natur nachzuzeichnen, nach ihren Hauptakteuren und materiellen Hervorbringungen zu fragen. Von Bedeutung ist dabei, kategoriale Dichotomien nicht zu affirmieren, sondern Stadt-Raum und Natur-Raum als einander beeinflussend, manchmal einander geradezu überlagernd, zu begreifen. Ebenso, wie im urbanen Text Zeichen des Natürlichen zu finden sind, schreiben sich Bedeutungen des Städtischen in den Naturdiskurs des Zoos ein.

Die Attraktion Zoologischer Gärten ebenso wie ihre Beziehungen zur Stadt werden dabei konsequent historisiert. Der Schönbrunner Tiergarten, genauso wie der Berliner Zoo, wurde erst im Laufe des 19. Jahrhunderts zu einem städtischen Vergnügungs- und Bildungsort, beide waren es nicht von Beginn an. Während im 18. Jahrhundert fürstliche Menagerien noch vorwiegend an Sommerresidenzen angeschlossen bzw. bei Herrschaftssitzen an der städtischen Peripherie angesiedelt waren, lassen sich die im 19. Jahrhundert entstandenen Zoologischen Gärten zum Zeitpunkt ihrer Gründung wenn auch nicht in allen Fällen im Zentrum, so doch stets im engeren Stadtgebiet verorten. Das Wachstum der Städte trug schließlich dazu bei, dass sich jene bereits wenige Jahrzehnte nach ihrer Gründung tatsächlich inmitten der Stadt befanden, und selbst die Schönbrunner Menagerie erlebte gegen Ende des Jahrhunderts eine verkehrstechnische und topographische Annäherung an die Stadt. Dadurch differenzierten sich die verschiedenartigen Beziehungsebenen zwischen urbanem und landschaftlichem Raum weiter aus. Stadtentwicklung, der Ausbau des öffentlichen Verkehrs und die wachsenden Bevölkerungszahlen waren entscheidende Faktoren für den Erfolg der Tiergärten und führten dazu, dass diese schließlich, am Ende des 19. Jahrhunderts, als populäre Massenvergnügungen wahrgenommen wurden, zu denen jedes Wochenende Tausende Stadtbewohner strömten, und deren Besuch in Reiseführern als Teil des touristischen Pflichtprogramms bestimmt wurde.

Was waren die Gründe für diese Entwicklungen? Wer waren deren Protagonisten und inwieweit spielten die Stadt und Erfahrungen des Urbanen eine Rolle in der Konzeption und Rezeption der Tiergärten? Wie genau sehen die Beziehungen und Abhängigkeiten zwischen Zoo und Stadt aus und was bedeutet es, Zoos als Räume zwischen Natur und Kultur zu markieren? Welche ihrer Elemente führen zu diesem hybriden Charakter? Als welcher Kategorie zugehörig wurden sie von den Zeitgenossen, den Zoogründern ebenso wie den Besuchern, wahrgenommen? War das, was im Zoo passierte, tatsächlich »bürgerliche Freizeit«, oder handelte es sich vielmehr um Formen einer neuartigen, modernen »Massenunterhaltung«? Wie sehr vermitteln die künstlichen Umwelten und Körper der Tiere tatsächlich hegemoniale Naturvorstellungen – um wessen Naturvorstellungen handelte es sich dabei überhaupt? –, und durch welche Medien wurden diese Vorstellungen wiederum selbst transportiert?

Die Diskussion dieser Fragen findet zunächst in vier großen Abschnitten statt, die rund um die Schlüsselbegriffe Planung, Ordnung, Wahrnehmung und Konsum die vielfältigen Bedeutungen Zoologischer Gärten um 1900 untersuchen.

Im ersten Teil, der sich mit Fragen der Zooplanung befasst, geht es darum, die sozialen, politischen, kulturellen und ökonomischen Konzepte, Ziele und Ideen, die die Gründung der beiden Gärten bestimmten, aus institutionengeschichtlicher Sicht zu beschreiben. Wie stellte sich die Programmatik der Zoogründer und -betreiber in Wien bzw. Berlin dar, wozu sollte die Institution jeweils dienen, was sollte dort in welcher Form gezeigt werden und wer waren die Protagonisten der Errichtung und Popularisierung der Zoo-Idee? Es soll gezeigt werden, dass Zoologische Gärten sowohl in den Repräsentationsvorstellungen und damit verbundenen Sozialutopien städtischer Eliten als auch in deren wissenschaftlichen und volkserzieherischen, kommunalpolitischen und stadtplanerischen Konzepten eine zentrale Rolle einnahmen, die sehr genau formuliert war. Nicht zuletzt spielen hier auch Fragen der »Communication«, des Verkehrs von Menschen und Waren, eine Rolle. Dabei wird deutlich, dass die Zoologischen Gärten des 19. Jahrhunderts nicht nur im Zentrum bürgerlicher Gesellschaftspolitik standen, deren Tugenden von Arbeitsamkeit und Leistungsorientiertheit sie vermittelten, sondern dass sie auch Wirtschaftsräume waren, mit und in denen sich Geld verdienen ließ.

Im zweiten Kapitel werden die Ordnungsmechanismen, die in Menagerie und Zoo zur Anwendung kamen, beschrieben, um sie als Orte der

Disziplinierung und Kontrolle sichtbar zu machen. Dabei wird besonderes Augenmerk auf die Frage gelegt, auf welche Art und Weise die spezifischen normativen Ausstattungen des Raumes die Geltung bürgerlicher Wertordnungen und die Durchsetzung eines damit verbundenen Verhaltenskodex beförderten. Untersucht werden nicht nur die Systeme von Regeln und Handlungsanweisungen selbst, mit denen sämtliche Akteure im Zoo konfrontiert waren, sondern es wird auch nach den Quellen und Medien gefragt, die die vielfältigen Vorstellungen des idealen Verhaltens von Tier und Mensch vermittelten, nach den Entstehungsorten der künstlichen Tiere etwa und nach den an sie gestellten Erwartungen, die, wie gezeigt wird, nicht zuletzt vom Bildprogramm der zeitgenössischen populären Naturkundebücher und -zeitschriften erzeugt wurden. Das Regelwerk, das dem Publikum an die Hand gegeben wurde, erwies sich allerdings als ähnlich umfangreich. Um die Inszenierung der Zoo-Natur programmgemäß erlebbar zu machen, die richtigen Blicke zu entwickeln und die richtigen Wege zu finden, die aus den Pflanzungen exotische Wildnis machten und die eingesperrten Tiere zu einem paradiesischen Verband werden ließen, mussten auch die Besucher die ihnen vorgeschriebene Rolle erfüllen. Um dies zu gewährleisten, wurde nicht nur eine Reihe von Kontrollmedien geschaffen, die eine Choreographie für die Massen entwickelten, sondern der Garten selbst als Disziplinarraum vorgestellt, der Blicke und Schritte in die vorgesehenen Bahnen lenkte.

Im anschließenden Teil, der sich mit Vorschriften und Techniken der Wahrnehmung im Zoo auseinandersetzt, werden dem derart produzierten Disziplinarraum unterschiedliche Vorstellungen der Organisation idealer Raumerfahrung in der Stadt gegenübergestellt. Wurden im vorigen Kapitel die Möglichkeitsbedingungen der Wahrnehmung der Zootiere vorgestellt, geht es hier darum, die künstlichen Umgebungen, die diese bewohnen, auf ihre diskursiven Traditionen hin zu untersuchen. Unterschiedliche Genres der Stadtbeschreibung wie die historische Topographie, das literarische ›Tableau‹ oder Beschreibungen der Metropole durch die Figur des Flaneurs mitsamt ihren spezifischen Wahrnehmungs- und Aufzeichnungssystemen, den als geeignet oder notwendig erkannten Blickführungen oder Gehtechniken und die Methoden der Verschriftlichung dieser Erfahrungen werden auf ihren Einfluss und ihre Bedeutung für den Zoo hin überprüft. Stadt und Zoo können durchaus als einem Zeichensystem zugehörig betrachtet werden, innerhalb dessen bestimmte Bedeutungsgebungen praktiziert werden, die sich in *beiden* als passend erwiesen, um sinnvolle Erfahrungen zu machen. Kulturen der (visuellen) Wahrnehmung realisieren sich in bestimmten Fortbewegungstechniken, die die Körper der Wahrnehmenden inszenierten Bewegungen unterziehen, die in Stadt und Zoo normative und strukturelle Ähnlichkeit aufweisen. Der zentrale Unterschied ist jedoch, so die These, dass im Zoo die für den städtischen Raum erforderlichen Techniken zur Entschlüsselung einer als verwirrend und fremd empfundenen Umwelt bereits verfügbar gemacht sind. Während der Einzelne in der modernen Metropole durch die Vielzahl von Sinneseindrücken spätestens seit den letzten Jahrzehnten des 19. Jahrhunderts permanent überfordert scheint, ist das Terrain des Zoologischen Gartens bereits geordnet und daher erfahrbar gemacht. In seiner Inszenierung von (Um)Welt, Natur und Gesellschaft wird alles, was den Chronisten der Stadt zu bestimmten Zeiten als Störung entgegentritt, was in Überforderung und Verwirrung resultiert, beseitigt und in der »Stadt im Kleinen« ohne all die Irritationen und chaotischen Momente ihres Gegenbildes dargestellt. Zu diskutieren wird daher auch sein, inwieweit der Zoo damit einfach als »Pseudo-Ort« zu beschreiben ist – »the characteristic sign of the pseudo-place is [...] a calculated readability. [...] Places are odd and call for interpretation. Pseudo-places entice by their familiarity and call for instant recognition«[12] – , oder inwieweit gerade diese aus einer radikalen Vereinfachung resultierende kalkulierte Lesbarkeit nicht auch einen Überschuss produziert, der seinerseits produktiv wird. Das Publikum kennt und erinnert die im Zoo sichtbaren Zeichen, die dort anzuwendenden Geh- und Sehpraktiken aus seinen urbanen Lebenswelten; es befindet sich in einem Raum mit semiotischer Sicherheit.[13]

Im darauf folgenden Kapitel *Konsum* geht es um die Beschreibung Zoologischer Gärten der Jahrhundertwende als großstädtische Vergnügungsorte, um die Restaurants, Konzerthallen und Tanzvergnügen in vielen Zoos, die häufig zu den größten und extravagantesten der Stadt zählten – und damit nicht zuletzt auch um die produktiven Differenzen der Vorstellungen von Zooverantwortlichen und Besuchern um Bedeutung, Funktion und Verwendung des Zoos, eröffneten sich doch gerade aus diesen Divergenzen heraus dessen entscheidende kulturelle Bedeutungen. Mit dem Blick auf zoologische Unterhaltungskulturen gewinnen auch die »künstlichen Tiere« erneut Gestalt, fungierten sie, wie insbesondere anhand des Berliner Beispiels gezeigt wird, doch scheinbar bruchlos gleichzeitig sowohl als wissenschaftliche Vorzeige-Subjekte im Diskurs bildungsbürgerlicher zoologischer Neugierde als auch als konsumierbare Schau-Objekte an der Schnittstelle von wissenschaftlicher Taxonomie und kapitalistischer Warenpräsentation.

Im letzten Abschnitt wird schließlich die Perspektive gewechselt. Anhand unterschiedlichster Narrative des Natürlichen, die Texte der (literarischen) Moderne um die Wende zum 20. Jahrhundert organisierten, wird gefragt, inwieweit der Zoo tatsächlich über das ihm zugeschriebene Monopol des

Natürlichen in der Stadt verfügte, wird doch die moderne Metropole in zahlreichen dieser Darstellungen selbst als Wildnis gezeichnet. Die Stadtnatur findet in der technisierten, geplanten Zoonatur einen merkwürdigen Gegenpart, der dem irritierenden Reiz eines Kategorienfehlers eigen scheint.

Sämtliche hier formulierten Thesen zum Verhältnis von Stadt und Zoo betreffen die Flüchtigkeit und Brüchigkeit der Trennlinien von Eigenem und Fremdem, von Kultur und Natur, und in den den Zoo bevölkernden künstlichen Tiere materialisiert sich die Instabilität dieser Kategorien. Tiergärten stellen in der Stadt nicht das Andere dar, trotz ihrer Inszenierung als exotische Enklave wilder Natur. Sie lassen vielmehr Wesentliches erkennen über den städtischen Raum, über architektonische, soziale und politische Konzepte ihrer Umgebung und nicht zuletzt über Ängste und Sehnsüchte ihrer Besucher im Umgang mit den Anforderungen, die unterschiedliche Versionen von Urbanität an sie stellen.

Methodisches

Historische *Cultural Studies*

Die vielfältigen historischen Zuschreibungen und Bedeutungen Zoologischer Gärten machen nicht nur die systematische Zusammenführung mehrerer großer Forschungsfelder notwendig – etwa die Geschichte der (Zoologischen) Gärten im engeren Sinn, die Geschichte der Naturgeschichte und Zoologie, die Geschichte urbaner Freizeit und die Kulturgeschichte der modernen Großstadt –, sondern auch eine methodische Neuorientierung auf diesem Gebiet. Insbesondere die aus dem angloamerikanischen Raum stammende Forschungstradition der Cultural Studies (nur teilweise identisch mit dem, was im deutschsprachigen Raum mit ›Kulturwissenschaften‹ bezeichnet wird) nimmt Praktiken, in denen sich populäres kulturelles Wissen manifestiert, ins Blickfeld und untersucht die Beziehungen individueller und kollektiver, lokaler und globaler Wissensbestände zu den politischen und ökonomischen Welten, in denen sie realisiert werden. Sie richtet das Augenmerk auf die Suche nach den Mechanismen und Strukturen, die bestimmte Handlungen ermöglichen oder begrenzen, aber auch auf alternative, subversive Praktiken und Strategien, die einer herrschenden Ideologie nicht folgen, sondern sie im Gegenteil unterwandern, aushöhlen und damit stetig verändern. Alltägliche Lebenswelten und Orte, in denen ›massenpopuläre‹ Freizeit stattfindet (Kinos, Themenparks, Warenhäuser und Einkaufszentren, Strände oder der heimische Fernsehsessel), sind dabei als Räume kulturellen Wissens entdeckt worden und zu Forschungsgegenständen der Cultural Studies geworden. Angesichts dieses Themenspektrums ist es überraschend, dass Zoos bis dato noch nicht zum Gegenstand von an Cultural Studies orientierten Arbeiten gemacht wurden, erscheint es doch äußerst vielversprechend, die eine, festgefügte und von Kontinuität und Tradition geprägte Geschichte dieser Wissensräume in viele unterschiedliche und andersartige Geschichten aufzulösen, um von einer scheinbar stringenten, zielgerichteten Institutionengeschichte zu einer komplexen Geschichte ihrer Rezeption und ihres Gebrauchs zu gelangen.

In diesem Sinne wird hier der Versuch unternommen, die Tauglichkeit von Instrumenten insbesondere der Cultural Studies auf historische Räume zu überprüfen. Dieses Desiderat bietet einen zweifachen Anreiz, impliziert es doch zum einen die Chance, eine Kulturgeschichte Zoologischer Gärten als populäre Vergnügungsorte und nicht nur als Prestigeinstitutionen städtischer Eliten zu erzählen. Zum anderen soll durch die bewusste Schwerpunktsetzung auf methodische Fragestellungen anhand konkreter Beispiele eine Verbindung von Cultural Studies und historischen Kulturwissenschaften erreicht werden – ein Vorhaben, das sich angesichts der stark an der Analyse zeitgenössischer Phänomene orientierten Methode der Cultural Studies als nicht ganz unproblematisch erweist.

Gelebte Praxis, Erfahrung und Lebenswelt haben als Begriffe und Forschungskategorien in den letzten Jahrzehnten auch im deutschsprachigen Raum richtungsweisende Bedeutung erlangt. Soziale Strukturen werden nach diesem kulturwissenschaftlichen Ansatz erst gesellschaftlich wirksam, indem sie von handelnden Personen angeeignet werden. Diese erscheinen nicht länger nur von ökonomischen, politischen und gesellschaftlichen Umständen determiniert, sondern werden als Akteure betrachtet, die durch eigenes kulturelles Wissen und Handeln Wirklichkeit für sich bestimmen.[14]

Diese Ansätze und Begrifflichkeiten erweisen sich auch bei Arbeiten über Zoologische Gärten als hilfreich, sind doch die Inszenierung von kulturellem und wissenschaftlichem Wissen über Natur und Umwelt sowie die impliziten und expliziten Handlungsvorlagen, die die ›richtige‹ Lektüre gewährleisten sollen, zentraler Teil der je spezifischen Erfahrungen, die die Besucher im Tiergarten machen. Die Wissenssysteme, die im Zoo als Deutungsmuster von ›Natur‹ und ›Welt‹ zur Darstellung gebracht werden und sich in spezifischen Kulturen des Designs äußern, werden nicht allein durch den materiellen Rahmen, innerhalb dessen sie sich realisieren, vermittelt. Es sind vor allem implizite und informelle Aspekte des praktischen Einsatzes von Wissen, anhand deren sich kulturelle Macht äußert. Gehege und Tierhäuser, Rasenflächen und Baumgruppen, Wege, Restaurationen und Kioske, Bänke, Hinweis- und Verbotsschilder, Spielplätze und Verwaltungsgebäude, die dem Besucher begegnen, und nicht zuletzt die Tiere selbst, stehen dabei als materielle Manifestationen bestimmter historischer wie zeitgenössischer Handlungspraktiken und Wissensbestände. Die Erforschung ihrer Bedeutung scheint vielversprechend, um den Zoo als konkreten Ver-/Handlungsraum zu portraitieren und die Brüche und Widersprüche aufzuspüren, an denen Populärkultur gemacht wird und stattfindet.

So vielversprechend Positionen der Cultural Studies auf den ersten Blick auch scheinen, so problematisch erweisen sie sich teilweise im historischen Arbeiten. Einer der Hauptgründe dafür ist deren für kultur*geschichtliche* Fragestellungen nur bedingt geeignete methodischer Apparat.

Zuallererst scheinen Cultural Studies traditionellerweise eher mit der Untersuchung zeitgenössischer (und nicht historischer) Kulturen befasst, die sich vor allem mittels ethnologisch orientierter Verfahren, die die Arbeit im Feld voraussetzen, erschließen lassen. Wie allerdings macht sich das »nicht in linear geordneten Sätzen gefaßte, in Codes und Diskurse gepackte, in Metaphorik und Symbolik gesponnene große Arsenal der impliziten Wissens- und Verfahrensbestände und Abläufe«[15] verständlich, wenn es sich dabei um historische Phänomene handelt? Die Cultural Studies scheinen darauf nicht immer befriedigende Antworten bereit zu haben. Erfahrungen und Praktiken des Umgangs mit und in spezifischen Umgebungen, Formen der Wahrnehmung, die mit spezifischen Techniken des Gehens und Sehens verbunden sind, sind in den seltensten Fällen verschriftlicht und nicht mehr durch Beobachtung zugänglich. Während Produktionsbedingungen und programmatische Konzepte in Texten, Plänen oder Zeichnungen, bzw. in Form von Architekturen (noch) erkennbar, tatsächlich ablesbar sind, bleiben Handlungspraktiken, spezifische Formen des Umgangs mit und in Umgebungen oft unbestimmt. Konkret ist festzustellen, dass – im Vergleich zu anderen Aspekten der Tiergartengeschichte, etwa zum Finanzgebaren, zur Verwaltung oder zu Fragen des Tierbestandes – nur sehr wenig über die Besucher der Tiergärten zu erfahren ist. Zum einen erscheinen deren Handlungen als zu flüchtig, vielleicht auch als zu unbedeutend, als dass sie für Wert befunden wurden schriftlich festgehalten zu werden. Zum anderen waren die Handelnden selbst oft Mitglieder des »gemeinen Volkes« oder schlicht und einfach der »Masse« und als solche nicht mehr als Teile der »Besucherströme«, von denen die Quellen berichten. All das erschwert einen Zugang, der die Kategorie der Handlung für zentral erklärt. Im Folgenden soll dennoch der Versuch unternommen werden, Verfahren aus dem methodischen Apparat der Cultural Studies zu erproben, die einen solchen auch für historische Gegenstände fassbar machen könnten. Diese Arbeit versteht sich demnach auch als Versuch, Methoden der Sichtbarmachung historischer Praktiken und Kulturtechniken am Beispiel von Tiergärten um 1900 zu entwickeln und zu überprüfen. Ihr Anspruch ist daher nicht zuletzt ein methodisch-analytischer, wobei im Rahmen dieses Unterfangens eine Reihe neuer, bis dato noch unpublizierter Quellen zur Geschichte der Schönbrunner Menagerie und des Berliner Zoologischen Gartens gefunden wurde, die einige der vorhandenen Lücken in der Institutionengeschichte beider Gärten schließt.

Zoologische Texturen

Tiergärten werden nicht nur *über* Medien im klassischen Sinn erfasst, sondern stellen sich als »Markierungspunkte des kulturellen Gedächtnisses«[16] selbst als solche dar. Ähnlich wie Schriften rufen auch kulturelle Texte dieser Art zu unterschiedlichen Lesarten, also Formen des Verstehens, auf und verfolgen rhetorische Strategien, die eine bestimmte Rezeption fördern sollen. Die Textmetaphorik verweist darauf, dass der Raum etwas aussagt und Informationen gibt, die über die Daten der Erbauung der Tierhäuser oder die Form seiner Pflanzungen hinausgehen. Der Zoo stellt einen Schnittpunkt dar, in dem sich unterschiedliche – und häufig unvermutete – diskursive Linien kreuzen und Orte kulturellen und wissenschaftlichen Wissens markieren.

Eine Menagerie, ein Zoologischer Garten, ein Tierpark stellen demnach in je unterschiedlicher Ausformung ein ganzes System aus kulturellen Praktiken, Szenarien des Politischen und Sozialen, Gedächtnisformen und Ikonographien aus, in dem sich die kulturellen Erfahrungen einer Gesellschaft und ihr Verhältnis zum Natürlichen auf besondere Weise verdichten und zu Mustern verknüpfen, die jene damit als kollektives, identitätsstiftendes Narrativ konstituieren. Die kulturelle Wirklichkeit dieser Räume erscheint so tatsächlich als »realized signifying system«[17], als Gewebe aus materiellen und nicht-materiellen Zeichen und Symbolen, das erst in seiner Gesamtheit in seiner spezifischen Textur entzifferbar wird, und sich tatsächlich als lesbarer Text auffassen lässt, der sich kontinuierlich fortschreibt und verändert.

Die »Grammatik der symbolischen Ordnung«[18] des Zoos wird, wie im ersten Kapitel beschrieben, erstmals im Rahmen seiner Erbauung, dann mit jedem ›offiziellen‹ Eingriff als Regelwerk entwickelt, bestätigt oder verändert. Allerdings steht sie dabei permanent auch selbst zur Disposition, bewegen sich doch nicht alle Besucher – Rezipienten – innerhalb des intendierten Regelsystems (wenn auch stets in Bezug zu ihm), sondern bringen eigene Sinn- und Bedeutungszusammenhänge ein, indem sie die vielfältigen Zeichen, aus denen Natur-Räume bestehen, anders begreifen und individuell sinnhaft anordnen. Die Besucher verfolgen mit Michel de Certeau »›unbestimmte Bahnen‹, die scheinbar sinnlos sind, da sie in keinem Zusammenhang mit dem bebauten, beschriebenen und vorfabrizierten Raum stehen, in dem sie sich bewegen«, bilden dadurch »unvorhersehbare Sätze« und werden so von Konsumenten zu »verkannte[n] Produzenten, Dichter[n] ihrer eigenen Angelegenheiten […] und stillschweigende[n] Erfinder[n] eigener Wege durch den Dschungel der funktionalistischen Realität«.[19]

Tiergärten verfügen damit nicht über einen festen Autor, sondern unterliegen Verhandlungen um Bedeutung, die zwischen Erbauern und Besuchern geführt werden und sich auch vielerorts in ihrer Struktur, dem, was als ›Zoodesign‹ bezeichnet wird, feststellen lassen. So ergeben etwa Übertretungen wie das Necken, Quälen oder unerlaubte Füttern von Tieren neue Strukturen im Tiergartendesign, die sich z. B. in baulichen Maßnahmen (erhöhten Gittern, Glasscheiben etc.) oder in Hinweis- und Verbotsschildern äußern; damit wird der Text umdisponiert und ein neuer Rahmen gesetzt, innerhalb dessen Aneignungen möglich sind bzw. als unmöglich konstituiert werden.

Damit ist gleichzeitig ein historiographisches Problem angesprochen: Es sind die unerlaubten Aneignungen, die in die Archive der bürgerlichen Zoos Eingang finden. Kaum jemals ist es das Normale, Einkalkulierte, Programmgemäße, das uns als geschichtliches Faktum zugänglich ist, fast immer sind es Geschichten des Widerstandes, der Auflehnung und des Fehlverhaltens. Es sind die Begegnungen mit den Autoritäten, die Schlaglichter werfen auf das Treiben der Zoobesucher. Ohne Zusammenstöße dieser Art erinnert häufig wenig an deren »flüchtige Durchgänge«[20] – weniger, weil die Quellen verschwunden oder ausgemustert worden wären, viel eher, weil sie zur Dokumentation derartiger, scheinbar marginaler Praktiken nie angefertigt wurden. Das bedeutet also, dass mögliche Lücken im Text, die auf die Existenz des Verschwiegenen und Verborgenen verweisen, stets einkalkuliert sind. Vieles muss mitunter also unlesbar bleiben, vielleicht weil die ohnehin blass geschriebenen Spuren dessen, was war, verblichen sind, vielleicht, weil einige Teile dieses Texts nur für den Augenblick existierten. Es ist aber von Bedeutung, diese Leerstellen zu erkennen, sie auch als solche zu thematisieren, und dem Text, der sich aus den vielen bruchstückhaften Geschichten verfertigt, nicht Kontinuitäten und Kohärenzen zuzuschreiben, die er nicht besitzt. Untersucht werden soll daher nicht nur seine Struktur, sondern auch die Kontingenzen, die zu seiner dynamischen Wandlung führen. Nicht nur die zustimmenden oder ablehnenden Aneignungen – Lesarten eines kulturellen Texts – werden ins Blickfeld genommen, sondern auch die performativen Prozesse im Kontext seines Zustandekommens.

Pläne und Karten

Karten verzeichnen kulturelles Wissen, sie informieren über Ordnung und Planung kultureller Systeme und setzen Räumlichkeit ins Bild. Als Quellen zur Bestimmung unterschiedlicher Konzepte des Natürlichen im Tiergarten besitzen sie zentrale Bedeutung für die kulturwissenschaftliche Analyse, geht es doch dabei im Wesentlichen um die Frage, »was sich verändert, wenn der Benutzer davon ausgeht, dass sich nichts verändert hat«[21].

Die Raumerfahrung der barocken Menagerie, wie sie den Kern des Schönbrunner Tiergartens bildet, ist wesentlich von ihrem Plan bestimmt, den die Besucher auf ihrem Weg durch das Terrain permanent erinnern sollen. Die geometrische Struktur des Raumes, wie sie auf der Karte verzeichnet ist, soll die Bewegung bestimmen, das Begehen der Wege der Menagerie zu einem Lesakt der Karte mit dem Körper werden, wodurch die eigene Position im Raum immer präsent und so das Bewusstsein der eigenen Stellung (im räumlichen wie sozialen Sinn) gesichert sein soll. Der »natürliche Landschaftsstil« Peter Joseph Lennés im Berliner Zoo zielte hingegen auf eine Trennung von Karte und Wirklichkeit. In diesem Konzept, das mit geplanten Überraschungen und inszenierten Zufällen rechnete, ging es darum, die Koordinaten des Raumes gerade *nicht* zu wissen, den Plan *nicht* zu erinnern.

Reise- und Tiergartenführer sowie Stadtbeschreibungen als Medien, die dem Fremden ein bestimmtes kulturelles Ensemble im Zoo oder in der Stadt nicht nur beschreiben wollen, sondern meist suggerieren, ihm die eine, ›richtige‹ Version davon anzuzeigen, sind nicht nur fast immer mit Karten und Plänen bestückt, die durch ihre hybride Struktur visueller und textlicher Anweisungen virtuelle Räume konstruieren. Sie entwerfen in Form von Anleitungen und Anweisungen vielmehr selbst Karten im Gedächtnis der Zoobesucher. Bestimmungen, wie sich »nach rechts [zu] wenden«, »weiter vorne« bestimmte markante Dinge »zu sehen« oder »[v]om Eingange rechts […] zunächst […] zu erblicken«,[22] vermitteln »zwischen Empirie und Konstruktion«[23] und intensivieren durch die Einführung eines virtuellen auktorialen Erzählers noch die in die Karte eingeschriebene Perspektive des Überblicks. Tiergartenführer mitsamt den ihnen beigefügten Karten erscheinen demnach als »erzählte Abenteuer, die gleichzeitig Handlungsgeografien produzieren und in die ›Gemeinplätze‹ einer Ordnung münden«[24] – umgekehrt sind die Narrative in Reise-, Stadt- und Tiergartenführern an der Entwicklung imaginärer Kartographien beteiligt.

Anhand der Diskussionen in der Schönbrunner Menagerie um Bedarf bzw. Verkauf eines Führers lassen sich die Bedeutungszuschreibungen und Erwartungshaltungen, die an eine solche Publikation gerichtet wurden, nachzeichnen. Das weitestgehende Fehlen eines solchen Heftes in Schönbrunn während des gesamten 19. Jahrhunderts verweist auf ein im Vergleich zum Berliner Zoologischen Garten unterschiedlich konzeptioniertes Verhältnis von Text, Plan und Raum, wobei sich die Differenzen der beiden Institutionen nicht zuletzt aus der Andersartigkeit dieser Beziehungen begründen lassen.

In historischen Karten sind die Bereiche, die noch nicht kartographiert, möglicherweise noch gar nicht erkundet waren, häufig als weiße Flecken verzeichnet, manchmal mit Ornamenten oder Fabeltieren versehen, die sie als unbekannt markieren. Diese Praxis betrifft unmittelbar die Frage nach Grenzziehungen und Grenzlinien, die auf Karten eine eindeutige und scheinbar unverrückbare Festsetzung erfahren. Auf Plänen von Tiergärten mit ihrem Anspruch, eine Welt im Kleinen darzustellen – tatsächlich einen Mikrokosmos ohne Leerstellen, in dem jedes Lebewesen den ihm zugedachten Platz einnimmt und das ganze kleine Paradies besetzt sein musste – existieren keine weißen Flecken, die auf das Terrain des Anderen verweisen. Jeder Platz ist bestimmt, vergeben – das Unbekannte oder nicht Verfügbare wird nicht thematisiert. Von zentraler Bedeutung ist jedoch die Tatsache, dass die *Stadt* oftmals als weiße Fläche erscheint. Auch wenn der Plan des Tiergartens noch Raum für ein Außen lässt, sind in bestimmten Fällen lediglich Elemente des Natürlichen jenseits des Zoos verzeichnet, wie etwa Bäume, Alleen oder Wiesenflächen. Der urbane Raum bleibt stets Unbekanntes, Unsicheres, ja Un-Verzeichenbares.

I. Planung

Menagerien und Zoologische Gärten sind Räume des Wissens. Sie sind Orte, an denen nicht nur wissenschaftliches, sondern auch und vor allem soziales und kulturelles Wissen gemacht und vermittelt wird. Wie wirken sich diese unterschiedlichen Funktionen – Wissenschaft und Forschung, Volksbelustigung und Unterhaltung – auf die Organisation des Raumes aus? Welche Bezüge lassen sich zwischen diesen unterschiedlichen Wissensformen im Zoo herstellen, wie verhalten sie sich zueinander und welche hierarchischen Ordnungen bringen sie untereinander hervor? Oder, anders gefragt: Wessen Wissen ist es eigentlich, das den Zoo organisiert und das dort zur Darstellung gebracht wird? Wer sind die Akteure, die den Zoo als Wissensraum bestimmen und welche Koalitionen müssen sie dabei eingehen?

Um diese Fragen systematisch zu beantworten, wird zunächst ein Blick auf die Umstände der Gründung der Tierhaltungen in Wien und Berlin geworfen, auf die Produktionsbedingungen all der unterschiedlichen Formen des Wissens, auf die Normativität der beiden Räume sowie auf die Vorstellungen der adeligen bzw. bürgerlichen Zoogründer hinsichtlich wissenschaftlicher, bildungs- und kommunalpolitischer Funktionen der neuen Institutionen. Dabei ist es wichtig, stets den Blick auf die Strategien der Naturalisierung der ideologischen Konzepte der Zoogründer mitzudenken. Vor allem die in den Gärten zur Darstellung gebrachten sozialen Utopien wurden als gleichsam naturgewollte Gegebenheiten inszeniert, die sich scheinbar hegemonialer Kontrolle entziehen und dadurch glaubwürdig und unverdächtig wirkten – tatsächlich präsentierten sich hegemoniale Wertvorstellungen, die keinen geringeren Anspruch hatten als den, die Ordnung der Natur vorzustellen, an kaum einem Ort so unverhüllt wie im Tiergarten.

Gründungsgeschichten

Wien besaß zu Zeiten des großen europäischen Zoo-Booms zur Mitte des 19. Jahrhunderts bereits einen Tiergarten, die 1752 von Franz Stephan von Lothringen gegründete kaiserliche Menagerie zu Schönbrunn. Der Entschluss zum Bau der Schönbrunner Menagerie war ein gutes Jahrzehnt zuvor, in den 1740er Jahren, gereift. Menagerien gehörten damals bereits seit längerer Zeit zum Kanon barocker Prachtentfaltung, höfischer Unterhaltung und herrschaftlicher Repräsentation. Im Schönbrunner Fall spielte darüber hinaus auch das persönliche naturwissenschaftliche Interesse Franz Stephan von Lothringens eine wesentliche Rolle bei ihrer Errichtung.[25] Die Gesamtkonzeption oblag dem 1745 nach Wien gekommenen Architekten Nicolas Jadot de Ville-Issey, sein erster Bauplan für die Menagerie datiert aus 1751. Die Ausführung wurde dem holländischen Hofgärtner Adrian von Steckhofen übertragen. Jadot sah eine radiale Anlage mit einem oktogonalen Pavillon als Mittelpunkt vor, der allerdings erst 1759 errichtet wurde. Um den kreisförmigen Mittelplatz schlossen sich 13 Logen in der Gestalt von Kreissegmenten an, wobei zwölf als Gehege für Tiere und eine als Gelände für das Wohnhaus des Aufsehers fungierten. Die einzelnen Abteile waren durch Mauern getrennt, im Hintergrund jeder Loge befanden sich die Tierhäuser. Diese Konzeption einer radialen Anlage war nicht neu: Louis Le Vau war 1663 von Ludwig XIV. mit der Errichtung der Versailler Menagerie beauftragt worden und hatte mit diesem Konzept den Prototyp der barocken Menagerie geschaffen.[26]

Die Schönbrunner Menagerie war von Anfang an – bis zum Ende der österreichisch-ungarischen Monarchie – eine höfische Einrichtung. Bis 1918 war der Tiergarten Schönbrunn im Besitz des jeweils regierenden Mitgliedes der Kaiserfamilie und damit Teil der *Administrationen*, der Verwaltungseinheiten des Hofes. Ab 1807 war sie direkt dem Obersthofmeisteramt, der Kanzlei des kaiserlichen Hofes für Verwaltungsangelegenheiten, unterstellt und diesem weisungsgebunden. Lange Zeit wurde die Menagerie als Teil der Hofgärten verwaltet, erst 1865 erhielt sie den Status einer eigenen Verwaltungseinheit. Bis 1919 bekam die Menagerie jährlich eine fixe Dotierung vom kaiserlichen Hof, die nicht überschritten werden durfte bzw. nach Möglichkeit nicht voll in Anspruch genommen werden sollte, um Einsparungen zu erzielen.[27]

Zu Beginn war die Menagerie nur einem sehr kleinen, exklusiven Personenkreis zugänglich. Sie lag damals in beträchtlicher Entfernung von der Stadt, allerdings hatten ohnehin nur die kaiserliche Familie und deren Gäste – Freunde, Diplomaten und politische Persönlichkeiten – Zutritt. Jedoch wurde, wie Oliver Hochadel nachweisen konnte, der Garten schon 1778 einem breiteren Publikum geöffnet. Das *Wienerische Diarium* gab über die Zutrittsbedingungen ausführlich Auskunft: »Ihre [...] Majestät wollen aus besonderer allerhöchster Gnade und Rücksicht für das Publikum an Sonntagen von 9 Uhr bis 6 Uhr Abends Jedermann, der anständig gekleidet ist, den Eintritt in den grossen Schönbrunner Hofgarten gestatten; jedoch versieht man sich, daß ein jeder von selbst bedacht seyn werde, sich in diesem zur allerhöchsten Belustigung [...] gehörigen Orte geziemend zu betragen. [...] [U]nd dabey bleibt streng verboten, Blumen oder Straußwerk abzubrechen, oder durch die Gebüsche durchzutreten, und was immer für Unreinigkeit zu verursachen. [...] In den Thiergarten bleibt für das Volk nur der Eingang über die Wiese außer Hietzing offen: und versieht man sich, daß Jedermann die allda zu sehenden Thiere mit Bescheidenheit betrachten und nicht nach denselben stossen oder werfen werde.«[28] Zwar stand die Menagerie nicht »Jedermann« offen, sondern nur denjenigen, die bestimmte Bedingungen erfüllten. Das Publikum bestand nach Anordnung des Hofes demnach aus Personen, die sich, anständig gekleidet und von gebührendem Benehmen, als ordentliche Untertanen der Kaiserin ausmachen ließen. Dennoch umfasst diese Bestimmung eine für die Zeit doch bemerkenswert breite Öffentlichkeit.[29]

Der Besuch der Menagerie war bis 1921 unentgeltlich, seit 1906 wurden allerdings Eintrittsgebühren für die Tierhäuser verlangt. Einnahmen flossen der Menagerie bis 1906 nur durch Tierverkäufe und vereinzelte Zusatzgeschäfte wie die Abgabe von Wolle oder Federn zu; sie mussten ebenso wie die ab 1906 getätigten Einnahmen aus dem Eintrittskartenverkauf und die Trinkgeldeinnahmen an das Hofzahlamt abgegeben werden.[30] Immer wieder wird von Tiergeschenken an die Menagerie berichtet, seien es private oder politisch motivierte Präsente; Materialspenden, z. B. von Großindustriellen, die für viele der privaten Tiergärten von großer finanzieller wie symbolischer Bedeutung waren, spielten hingegen für die Schönbrunner Menagerie kaum eine Rolle, zu umständlich war der bürokratische Amtsweg, über den Geschenke erst bewilligt werden mussten. Andererseits war man als kaiserliches Institut auf Spenden ohnehin nicht angewiesen – damit blieben jedoch auch viele kulturelle Bedeutungen des Städtischen, die für den Berliner Zoo eine große Rolle spielten, ausgeblendet. Die Frage nach dem Innen und Außen ist der für den Vergleich der beiden Institutionen wahrscheinlich wesentlichste Punkt: ›Stadt‹ bzw. sämtliche Codierungen des Urbanen wurden in Wien und Berlin qua Programmatik unterschiedlich stark in den Garten eingelassen.

Die Ideen der Gründer ließen mögliche Wünsche und Anforderungen eines potentiellen Publikums außer Acht. In einem Schreiben, das der Menageriegründung vorausging, zeigt sich die individuelle Motivation der Gründungsinitiative, indem der Kaiser eigenhändig bemerkte, dass er sich zwar der zu erwartenden hohen Kosten bewusst sei, ihm die Sache aber trotz allem persönlich große Freude bereite.[31] Gesundheits- oder bildungspolitische Gründe, mit denen später für die Gründung Zoologischer Gärten argumentiert wurde, spielten hier keine Rolle, war die Menagerie doch stets, auch zu einer Zeit, in der schon »Jedermann« in den Garten eingelassen wurde, eine höfische Institution. Sie stellte gleichsam eine Art Geschenk des Kaiserpaars an sein Volk dar, das durch nachfolgende Regenten immer wieder bestätigt wurde; ein Geschenk, das »wie alle Geschenke in der höfischen Gesellschaft [...] der Bindung der Beschenkten an den Herrscher und damit der Bestätigung und Verfestigung der bestehenden Verhältnisse diente«.[32]

Im Laufe des 19. Jahrhunderts – nicht zuletzt angesichts der Errichtung der ersten bürgerlichen Zoos, die in anderen europäischen Städten für Furore sorgten – machten sich Beobachter und Verantwortliche der Institution jedoch verstärkt Gedanken über ihre programmatische Ausrichtung, die hauptsächlich um das Verhältnis von Unterhaltung und Belehrung kreisten. Über die 1840er Jahre schrieb Leopold Joseph Fitzinger: »Bis hieher war diese Anstalt mehr zur Befriedigung der Schaulust des Publicums, als zu wissenschaftlichen Zwecken bestimmt. Erst durch die Fürsorge des Vorstandes des k.k. Oberst-Hofmeister-Amtes, Herrn Philipp Ritter von Draexler, hat sie einen streng wissenschaftlichen Charakter angenommen und ist auch für die Besucher derselben insbesondere dadurch belehrend und nützlich geworden, dass bei jedem Thiere die wissenschaftlichen Benennungen unter Angabe seines Vaterlandes, mittels geeigneter, bei jedem Behältnisse derselben angebrachten Aufschriften, ersichtlich gemacht wurden.«[33] Auch ein anderer Chronist forderte, offensichtlich unter dem Eindruck entgegengesetzter Entwicklungen, »daß das Vergnügen [...] weniger in Anschlag zu bringen sei, als die Belehrung«.[34]

Im Kern ging es in diesen Wiener Diskussionen immer auch um die Frage der Existenzberechtigung der Menagerie, die wiederholt als altmodisch und unmodern kritisiert wurde. Dass Wien als erste aller europäischen Metropolen eine Tierhaltung aufweisen konnte, noch bevor die Zoos in Paris, London und Berlin gegründet wurden, erwies sich schon bald keineswegs als Vorsprung, sondern als Hemmnis für moderne Entwicklungen. In der Amtszeit von Alois Kraus, der von 1879 bis 1918 die Menagerie leitete, kam es zu großen Umbaumaßnahmen. Diese waren vom Wunsch bestimmt, den Spagat zwischen Tradition und Moderne zu schaffen. Der barocke Baukern sollte, wie der Hof ausdrücklich wünschte, erhalten bleiben, gleichzeitig jedoch musste man sich mit den Ansprüchen eines stetig anwachsenden Publikums auseinandersetzen, das nicht zuletzt durch den Ausbau des öffentlichen Verkehrs Wochenende für Wochenende »in Massen« herbeiströmte. 1880 verfasste Kraus ein Memorandum, in dem er die Ergebnisse einer Studienreise durch europäische Zoos zusammenfasste und daraus gewonnene Ideen für die Umgestaltung der Menagerie vorstellte. Neben Um- und Neubauten betrafen diese vor allem auch Gebietserweiterungen und die Ausstellung der Tiere im Sinne der aktuellen taxonomischen Systematik.[35] Kraus konnte seine Vorstellungen allerdings nicht im geplanten Ausmaß umsetzen, und auch die Neuerungen, die schließlich vorgenommen wurden, vollzogen sich äußerst langsam. Die langen bürokratischen Wege und die Vorgaben des Hofes schoben vielen Innovationswünschen einen Riegel vor. Auch gingen die Beurteilungen der Qualität der Modernisierungsmaßnahmen unter Kraus teilweise weit auseinander. Während einzelne Beobachter meinten, dass sich die Menagerie dadurch zu einem »modernen Thierpark« entwickelt hätte, sprachen andere auch noch am Ende des Jahrhunderts von einer hoffnungslos veralteten Tiersammlung.[36]

Tatsache war, dass sich die Verantwortlichen trotz schrittweise realisierter Änderungen im Bereich der Tierhaltung und der technischen Organisation des Tiergartens bis weit ins 20. Jahrhundert hinein nicht dazu entschließen wollten, aus diesem eine großstädtische Vergnügungsinstitution etwa nach Berliner Vorbild zu machen.[37] Bis in die 1920er Jahre hinein gab es keine Gaststätte im Tiergarten, Spielplätze oder Konzertsäle schienen im barocken Areal undenkbar. Zwar bemerkte Ernst Moriz Kronfeld, regelmäßiger Chronist der Anstalt, 1891, dass »[d]er Tiergarten des kaiserlichen Lustschlosses [...] in den letzten Jahren eine der hervorragendsten Stätten der Volksbildung und Volksbelustigung in ganz Österreich geworden«[38] sei; Unterhaltungsmöglichkeiten fanden die Besucher abgesehen von der Tierschaustellung in der Menagerie jedoch kaum. Wer Musik hören, tanzen, essen und trinken, Artisten bestaunen oder Feuerwerke sehen wollten, musste entweder in den Prater fahren oder konnte diese Aktivitäten gleich an einen Tiergartenbesuch anschließen, da sich in Hietzing rund um den Schlosspark ein riesiges Unterhaltungsangebot etabliert hatte.[39] In der Menagerie selbst fand sich nichts Derartiges – die Transformation von der Menagerie zum Zoologischen Garten war auch Anfang des 20. Jahrhunderts noch nicht abgeschlossen.

Der Berliner Zoo entstand unter vollkommen anderen Vorzeichen. Die Gründung von 1844 stellte eine bemerkenswerte, für die Zoologischen Gärten des 19. Jahrhunderts aber durchaus typische Kompromisslösung dar, die gleichermaßen von bürgerlichen Emanzipationsbestrebungen und königlichen Repräsentationsansprüchen bestimmt war. Die Person des Gründers Martin Hinrich Lichtenstein selbst bildet die vielfältigen wissenschaftlichen und sozialen Vernetzungen ab, die die Errichtung des Gartens erforderte.[40] Lichtenstein war Mediziner, nahm aber nach ausgedehnten Aufenthalten im südlichen Afrika 1810 eine Dozentur für Zoologie an der Friedrich-Wilhelms-Universität in Berlin an, wo er ein Jahr später zum Professor ernannt wurde. 1812 übernahm er die Leitung des Botanischen Gartens, 1813 die des Zoologischen Museums. Er war Mitglied der Königlich Preußischen Akademie der Wissenschaften, der Gesellschaft Naturforschender Freunde zu Berlin und des Vereins für wissenschaftliche Vorträge. Lichtenstein war, wie Annelore Rieke-Müller und Lothar Dittrich zeigten, nicht nur durch seine berufliche Stellung und das damit verbundene Engagement, sondern darüber hinaus auch durch Heirat und Freundeskreis in das liberale Berliner Bürgertum eng eingebunden. Er war Mitglied des prestigereichen Montags-Klubs sowie der Singakademie und frequentierte mit seiner Frau regelmäßig den Salon Hedwig von Olfers, der Frau des Direktors der Berliner Kunstsammlungen und ehemaligen Schülerin Lichtensteins. Von Bedeutung sind auch seine Beziehungen zu Alexander von Humboldt, dessen Kosmos-Vorträge unter seiner fördernden Aufsicht veranstaltet wurden und mit dem gemeinsam er auch in hochschulpolitischen Fragen aktiv war. Nicht zuletzt aufgrund seiner Tätigkeit als Wissenschaftspopularisator verfügte Lichtenstein über Beziehungen weit über seinen eigentlichen beruflichen Wirkungskreis hinaus.

Es war der gezielte Einsatz dieser Netzwerke, die die Gründung des Berliner Zoos überhaupt erst ermöglichten. Ähnlich anderen bürgerlichen Großprojekten des 19. Jahrhunderts wie der Errichtung von Theatern, Museen, Universitäten, Parks, Handelskammern und Börsen war auch die Gründung Zoologischer Gärten meist von derartigen Koalitionen geprägt – die entscheidenden Vorstöße und Initiativen dazu kamen dabei immer häufiger aus Kreisen städtischer, bürgerlicher Eliten.[41] Wie die Biographie Lichtensteins auf private und berufliche Kontakte zu unterschiedlichsten Öffentlichkeiten hinweist, entstand auch der von ihm ins Leben gerufene Zoo durch das Engagement einer solch heterogenen Mischung aus Förderern und Unterstützern. Solche Allianzen eröffneten einerseits Möglichkeiten, schränkten die Handlungsspielräume beider Seiten jedoch mitunter auch deutlich ein.

Im Preußen der 1840er Jahre, obwohl de facto nicht mehr absolutistischer Fürstenstaat, sondern bürokratischer Obrigkeitsstaat, dessen königliches Oberhaupt sich als arbeitender, dem Staat dienender Souverän inszenierte, war der realpolitische Einfluss des Adels nach wie vor erheblich. Die Gründung einer gleichermaßen prestigeträchtigen wie teuren Institution wie ein Zoologischer Garten war daher für Lichtenstein nur durch das Eingehen von Allianzen und Kooperationen mit Personen möglich, die die politische Unterstützung bei Hof erwirken konnten. Im Falle der Gründung des geplanten Zoologischen Gartens sicherte sich Lichtenstein die Unterstützung des Staatsministers Johann Philipp von Ladenberg, Alexanders von Humboldt und des königlichen Gartendirektors Peter Joseph Lenné.

Im Sommer 1840 hatte Lichtenstein eine Denkschrift verfasst, in der er Ziele, Lage und Programmatik des geplanten Zoos darlegte: Nach der

Weisung des Königs, die Inhalte der Denkschrift mit oben genannten Männern zu besprechen, und darauf folgenden Konferenzen erklärte Friedrich Wilhelm sich am 8. September 1841 per Kabinettsorder mit der Errichtung des Zoos einverstanden. Die Zustimmung des Königs war jedoch von weitreichenden Einschränkungen der Lichtenstein'schen Gestaltungsfreiheit begleitet. Das *Ministerium der geistlichen, Unterrichts- und Medicinal-Angelegenheiten* hatte sich die Kontrolle über die im Zoo tätigen Wissenschaftler und deren Arbeitsgebiete vorbehalten. Der König selbst sicherte sich Einfluss vor allem durch seine Funktion als wichtigster Financier des jungen Instituts. Er gewährte nicht nur ein zinsfreies Darlehen von 15.000 Talern zur Errichtung des Gartens, sondern bewilligte, nachdem sich das Institut nicht wie erhofft entwickelt hatte, auch weitere finanzielle Zuschüsse. Zudem überließ er dem Garten Tiere aus dem Bestand der königlichen Menagerie auf der Pfaueninsel und verlangte Mitbestimmungsrecht in der Frage der baulichen Gestaltung des Gartens.[42] Peter Joseph Lenné hatte ein landschaftsgärtnerisches Konzept im englischen Stil vorgeschlagen, ließ darin aber nicht zuletzt aufgrund der Wünsche des Königs Elemente einer barock-absolutistischen Anlage einfließen. Der Garten sollte Lennés Vorstellungen nach in Form eines »anmutigen Park[s] mit Hügeln, Wiesenflächen und freigeschwungenen Kieswegen«[43] angelegt werden, dabei unterbrachen aber lange geometrisch gezirkelte Alleen immer wieder die englische Form.

Im Laufe der Gründungsvorbereitungen wurde auch mangels anderer Trägerorganisationen bald klar, dass man durch den Verkauf von Aktien Kapital akquirieren musste. Die Gründungsversammlung des Zoo-Aktienvereines fand jedoch erst Ende Februar 1845 statt – man wollte »die Struktur des Zoos erst selber festlegen und in sichere Bahnen lenken«[44]. Außerdem war vorgesehen, dass die Aktionäre nicht sofort eine Zoologische Gesellschaft bilden, sondern diese erst später aus ihren Reihen stiften sollten. 1847 wurde Lichtenstein in einem der ersten Zoo-Führer zu diesem Punkt konkret: »Der Actien-Verein des Zoologischen Gartens«, so die programmatische Ankündigung, »hat zum Zweck eine zoologische Gesellschaft zu stiften, um in Verbindung mit derselben, durch die vorhandene und möglichst zu vermehrende Sammlung lebender Thiere, wissenschaftliche Beobachtungen und Untersuchungen, so wie künstliche Studien zu fördern, und naturhistorische Kenntnisse im Volke, namentlich durch Unterstützung des Jugendunterrichts, zu verbreiten«.[45]

Die strenge Staatsaufsicht, kombiniert mit den geringen Gestaltungsmöglichkeiten, trug nicht unbedingt dazu bei, dass der Absatz der Aktien reißend war. Darüber hinaus zählte Berlin damals nur etwa 400.000 Einwohner, schon von daher war nicht mit einer anderen europäischen Städten vergleichbaren Unterstützung zu rechnen. Unter denjenigen, die trotz allem Zoo-Aktien kauften, waren überdurchschnittlich viele Angehörige der staatlichen und kommunalen Verwaltung. Hohe Staatsbeamte, aber auch Adelige zählten ebenso dazu wie Professoren und Privatgelehrte, Industrielle, kleine Selbständige und Werktätige. War die Gründung des Gartens auch nur mit Hilfe des Adels, ja des Königs selbst zustande gekommen, machte die Mitgliederstruktur seiner Aktiengesellschaft jedenfalls deutlich, dass das städtische Bürgertum entschlossen war, die Geschicke des Instituts künftig zu bestimmen. »Und wer sind die Begründer der neueren zoologischen Gärten gewesen?«, fragte die *Gartenlaube*, eines der führenden Familienblätter, 1860 dementsprechend voll bürgerlichen Stolzes angesichts der von Berlin ausgehenden Zoogründungswelle. Die Antwort ließ keine Unklarheiten bezüglich der »Classe«, die fortan die kulturelle und politische Führung beanspruchte: »Neben einigen wenigen aufgeklärten hochstehenden Personen fast ausschließlich der Mittelstand und zwar in zwei Schattirungen: nämlich wenige Reiche mit großen Actienzeichnungen und sehr zahlreiche kleine Leute mit den geringst möglichen Sümmchen. So bei der Dresdner Gesellschaft, so auch [...] bei den übrigen neuerlich gegründeten Thiergärten. D a s V o l k hat in der Sache entschieden!«[46] »Das Volk« meinte freilich nicht die gesamte städtische Öffentlichkeit, sondern bezeichnete, emphatisch adressiert von einer der großen populären Zeitschriften des 19. Jahrhunderts, auch nur ein bestimmtes Publikum, das »in der Sache entschieden« hatte und fortan zum Träger jener neuen Institutionen werden sollte: die bildungsbürgerliche Elite.

»Bürgerlichkeit« bezeichnete nicht nur einen spezifischen Lebensstil, der mit einem bestimmten kulturellen Habitus verbunden war, sondern geriet auch zum Kampfbegriff, um eine Oppositionshaltung gegenüber den alten höfischen Eliten auszudrücken.[47] Die Zielformulierungen des Berliner Zoos untermauern tatsächlich auf bemerkenswerte Weise die Bedeutung bürgerlicher Kultur als zentrales Darstellungs- und Erklärungsparadigma von Natur und als Kern der Erwartungshaltung an das Publikum gleichermaßen. Dieses stellte man sich als naturkundlich interessierte Öffentlichkeit vor, die an den belehrenden Hinweisen in den Zooführern mindestens ebenso großes Interesse hatte wie an den Tieren selbst. »Von den politischen und sozialen Kämpfen des Lebens« ermüdet, sollten sich die bürgerlichen Zoobesucher der Naturbetrachtung zuwenden, »um im Anschauen und Erkennen ihrer Schöpfungen und ewigen Gesetze [...] Erquickung und neue Stärkung zu finden«.[48] Die Beschäftigung mit der Natur, auch im Zoo, wurde als kultiviertes (und kultivierendes) Mittel zur Bewältigung des Alltags propagiert. Der Spaziergang durch den Zoo erlangte dadurch die Bedeutung einer umfassenden Menschen- und Geistesbildung auch im sittlich-moralischen Sinn. Ganz bildungsbürgerlichen Idealen entsprechend, sollte der Zoobesuch eine Fortsetzung der daheim betriebenen naturkundlichen Studien darstellen.

Freilich wurde den Berliner Planern und Verantwortlichen bald klar, dass die Besucher oft nicht die gleichen Vorstellungen über Sinn, Zweck und Ausgestaltung des Zoos hatten wie sie selbst. Die Organisationsform des Aktienvereines bewirkte, dass der Zoo von der Erwirtschaftung von Eintrittsgeldern und sonstigen Einnahmen abhängig war und daher auch verstärkt auf die Forderungen der städtischen Öffentlichkeit eingehen musste. Die auf Druck des zahlenden Publikums bald zahlreich entstehenden Unterhaltungen (Restaurants, Eislaufplätze, Konzertveranstaltungen, aber auch die zunehmende zoologische Schwerpunktsetzung auf ›attraktive‹ Tiere) bewerteten viele zeitgenössische Texte als notwendiges Übel. Der ehemalige Naturalienhändler, Tierpräparator und Zoo-Kenner Philipp Leopold Martin musste in den 1870er Jahren feststellen, dass sich die Zoologischen Gärten ihre »kostbaren Existenzmittel« nun einmal »nach verschiedenen Richtungen hin«[49] suchen müssten, wollten sie überhaupt weiterhin existenzfähig bleiben.

War der Tiergarten in Schönbrunn um 1900 höfische Menagerie mit dem Anspruch zur allgemeinen Belehrung, hatte sich der auf möglichst hohe Einnahmen angewiesene Berliner Zoo zum Ort exotischer Spektakel gewandelt, die freilich nach wie vor im Zeichen naturgeschichtlicher Volkserziehung standen. So unterschiedlich die beiden Institutionen hinsichtlich ihrer Gründungskontexte und damit ihrer inhaltlichen Konzepte waren, begannen sich ihre jeweiligen Zielvorstellungen und Programmatiken im Laufe des 19. Jahrhunderts jedoch einander anzunähern. Oberste Priorität hatte dabei der Aspekt der Belehrung und Volksbildung. De facto jedoch mussten sich beide Institutionen mit alternativen Vorstellungen auseinandersetzen, die von den Besuchern herangetragen wurden und den Unterhaltungsaspekt als zumindest gleichwertig einforderten. ›Die Öffentlichkeit‹ – ein Publikum, das bei weitem nicht nur die als ideale Zoobesucher imaginierten Angehörigen aristokratischer und bürgerlicher Öffentlichkeiten umfasste – forderte einen anderen Zoo als den ursprünglich geplanten.

Die Massen im Zoo

Dem Pathos der Manifeste der Gründer zum Trotz ließen sich weder die Zooverantwortlichen noch die Besucher in ihrer Gesamtheit eindeutig bestimmten sozialen Schichten zuordnen. Adelige Repräsentation und bürgerliche Kultur und Bildungsprogrammatik vermischten sich im Zoo untrennbar mit den Ansprüchen populärer Vergnügungskulturen. Zoologische Gärten sind nicht zuletzt deshalb als explizit moderne Orte zu bezeichnen, weil in ihnen unterschiedlichste Öffentlichkeiten ihre je spezifischen Vorstellungen von Freizeit, Bildung und Unterhaltung realisierten. Insofern sind die historiographisch üblich gewordenen Kategorien ›fürstliche Menagerie‹ und ›bürgerlicher Zoo‹ bestenfalls als Etikett zu gebrauchen, das einen Hinweis auf das Gründungsdatum der jeweiligen Institution geben kann, darüber hinaus jedoch kaum leistungsfähig erscheint.

Die »Masse«, das ist die Figur, die spätestens um 1900 einzig angemessen schien, der ungeheuren Ansammlung von Menschen, die sich im Zoo auf die Suche nach Natur begeben, beizukommen. Jeder ist Teil davon, und dennoch schwingt, wenn die Chronisten vom »massenhaften« Ansturm auf den Zoo oder die Menagerie erzählen, immer auch ein Ton des Anderen mit – das Sprechen von den Massen, das bedeutet immer auch die Möglichkeit der eigenen Abgrenzung. Die Masse wird in bürgerlichen Familienzeitschriften und Journalen »als konstitutive Negation gedacht, nämlich als jenes wundersame Substrat, das qua Distanzierung und Differenz den Intellektuellen und Bildungsbürger in seiner Einzigartigkeit und in seiner Individualität erst möglich macht«.[50] Die Massen, das waren auch im Zoo eben nicht die Bildungsbürger, die sich den intendierten Zielsetzungen gemäß belehrend unterhielten, sondern diejenigen, die schaulustig auf Spektakel aus waren. Während sich der ideale bürgerliche Besucher durch ein scheinbar distanziertes Verhältnis zu den Gegenständen seiner intellektuellen Betrachtung auszeichnete, das festen Regeln des Sehens und der Wissensaufnahme folgte, war dasjenige Angehöriger der »Masse« von unmittelbarer Körperlichkeit geprägt und wurde gerade deshalb massiv kritisiert, weil ihm jene bourgeoise Distanz komplett zu fehlen schien. Jegliche Art von Körperlichkeit – etwa das Angreifen der Tiere, aber auch zu intensives Schauen, dem nur noch mit den Begriffen des Gaffens und Starrens beizukommen war, oder auch allzu lustvoller, lauter oder »derber« Genuss anderer sinnlicher Sensationen, etwa im Zoorestaurant (nicht umsonst gab es in vielen Zoos zwei Gaststätten, eine für »gehobene Ansprüche« und eine für das »einfachere Publikum«, die in Angebot und Ausstattung merklich voneinander abwichen) – war entweder verboten, unerwünscht oder vom ›anderen‹ Teil des Zoopublikums sozial geächtet. Es ist nicht verwunderlich, dass sich jenseits abstrakter Kategorien wie ›Klasse‹ oder gesellschaftlicher ›Schicht‹ der spezifische performative Akt, in dem der eigene Körper repräsentiert wurde, als entscheidend erwies und soziale Differenzierungen schuf, ging es an diesem Ort doch stets hauptsächlich um die voyeuristische Lust am ausgestellten Körper. Friedrich Knauer plante beim Wiederaufbau der Schönbrunner Menagerie nach dem Ersten Weltkrieg sogar, die Unterschiede zwischen den Besuchern explizit zu ziehen und architektonisch zu manifestieren: Zwei getrennte Abteilungen, eine für den »Massenbesuch«, eine zweite für den »anspruchsvolleren Tiergartenbesucher«, sollten den unterschiedlichen Anforderungen gerecht werden – ein Plan, der freilich nie realisiert wurde.[51]

Der Umgang mit den Besuchern des Zoos – in ihren unterschiedlich beurteilten Rollen als Teil eines vergnügungssüchtigen Publikums, zoologisch Interessierte, Stadtbewohner, Spaziergänger, Ruhesuchende, zahlende (oder freien Eintritt genießende) Personen und »schaulustige Masse« gleichermaßen – geriet spätestens um 1900 zum zentralen Kriterium der programmatischen Ausrichtung zeitgenössischer Zoologischer Gärten.

»Besonders an Sonntagen«, berichtet Ernst Moritz Arndt bereits um 1800, seien die meisten Menschen, die sich auf die Reise nach Hietzing gemacht haben, »um die Tiere in der Menagerie her, und hier scheint ordentlich eine Art von Wallfahrt zu seyn«; nicht nur die »schöne Welt« sei zu Besuch im Tiergarten, sondern es »strömt [...] immerwährend von Bürgern und Bauern, Dienstboten und Handwerksgesellen«.[52]

Hietzing war mit der Pfarrkirche Mariä Geburt zu dem Zeitpunkt, als Arndt die frühe Vergnügungskultur vor den Toren Wiens beschreibt, bereits seit Ende des 17. Jahrhunderts tatsächlich Wallfahrtsort, allerdings im traditionellen Sinn einer christlichen Pilgerstätte.[53] Unter Maria Theresia, die das Schönbrunner Schloss zum Sommersitz ausbauen ließ, wurde Hietzing zur bevorzugten Sommerfrische des Adels und des reichen Bürgertums. Die »schöne Welt«, von der Arndt berichtet, dürfte wohl zum Teil aus dem mondänen Wohnviertel gestammt haben, das um 1800 in Hietzing neu angelegt wurde. Wien war zu diesem Zeitpunkt mit mehr als 230.000 Einwohnern die fünftgrößte Stadt Europas. Die großen Veränderungen in der Bevölkerungszahl und -struktur sollten allerdings erst folgen und auch für die Menagerie massive Veränderungen mit sich bringen.

Eine erste große Zäsur, die sich in Besucherzahlen, aber auch in der Beurteilung der gesellschaftlichen Bedeutung der Menagerie bemerkbar macht, fand im Vormärz statt. 1817 fuhren die ersten Gesellschaftswagen, 1835 die ersten Stellwagen aus Wien nach Hietzing. Über den sozialen Status der Besucher der Menagerie existieren um die Mitte des Jahrhunderts unterschiedliche Aussagen. 1827 empfahl Fidelis Fremden noch, »den Besuch von Schönbrunn [...] auf einen Sonntag [zu] verlegen; der Garten ist dann zahlreicher und von schönerer Welt bevölkert«[54], knapp drei Jahrzehnte später wird berichtet, dass »an Sonn- und Feiertagen die Menagerie [...] besonders von den untern Klassen der Gesellschaft zahlreich besucht«[55] sei.

Im Dezember 1889 schuf der Wiener Gemeinderat mit der Aufhebung der sogenannten Verzehrungssteuergrenze am Linienwall de facto die Voraussetzung für die Eingemeindung der bisherigen Vororte. Am 19.12.1890 wurde das Eingemeindungsgesetz von Kaiser Franz Joseph erlassen, das am 1.1.1892 schließlich in Kraft trat. Die Veränderungen der Lebenssituation waren für viele Bewohner Wiens, das nun nicht nur eine Vergrößerung des Stadtgebietes von 55km² auf 178km², sondern auch einen damit verbundenen Anstieg der Bevölkerungszahlen von etwa 500.000 auf beinahe 1,4 Millionen verzeichnete, tiefgreifend. Bis 1900 zählte Wien 1,675 Millionen Einwohner, 1910 waren es bereits über 2 Millionen.[56] Dementsprechend bildete die Schönbrunner Anlage mitsamt dem Tiergarten ganz zu Beginn des 20. Jahrhunderts »wohl ein beliebtes Ausflugsziel der Wiener aller Stände, und an schönen Sommersonntagen ist der Besuch ein massenhafter«[57]. Die Schönbrunner Menagerie hatte sich von einem Ausflugsziel der »besseren Gesellschaft« zu einem populären Vergnügungsort gewandelt.

Der Ausbau der öffentlichen Verkehrsmittel, besonders jedoch die Inbetriebnahme der »liebe[n] ›Elektrische[n]‹«, die den Garten noch besser mit der Stadt verband, hatte den »Massenbesuch« in »ungeahnter Weise gefördert.«[58] Nachdem 1869 die erste Linie der Wiener Tramway Gesellschaft vom Mariahilfer Gürtel bis Ecke Nisselgasse/Hadikgasse in Hietzing gebaut und 1899 die Wientallinie der Stadtbahn eröffnet wurde, verkehrten ab 1907 schließlich mehrere Straßenbahnlinien zwischen Hietzing und dem Zentrum der Stadt. Genaue Angaben über Besuchszahlen für den Tiergarten Schönbrunn gibt es nur wenige; ein Grund dafür ist sicher der bis 1921 freie Eintritt in die Menagerie, wodurch Statistiken über Eintrittsgelder bzw. verkaufte Eintrittskarten als Quellen wegfallen. Philipp Leopold Martin schätzte in seinem 1878 erschienenen Werk *Naturstudien* den Besuch der Wiener Menagerie »an schönen Sonntagen [...] auf 6–8.000«[59] Personen. Ernst Moriz Kronfeld schrieb 1902 bereits von »25,000 [Besuchern] und darüber«[60], ein Anstieg, der die Entwicklung zu einer tatsächlich massenkulturellen Vergnügungsstätte eindrucksvoll dokumentiert.

Für den Berliner Zoologischen Garten berichteten Zooführer über die Anfangsjahre nur vage im Sinne einer langsamen und wenig erfolgreichen Entwicklung, auch und vor allem, was die Besuchszahlen betraf. 1845 sollen 70.000 Menschen den neuen Zoo besucht haben, 1846 verdoppelte sich deren Zahl auf fast 150.000. Vergleicht man diese Zahlen mit denen für den Beginn der 1870er Jahre, wird die Bedeutung städtischen Wachstums für den Zoo umso deutlicher. 1872 dokumentierte der Zooführer bereits 30–40.000 Besucher täglich (!), die an besonders schönen Sonn- oder Feiertagen Eintritt in den Zoo bezahlt hatten. Richard Béringuer erwähnte fünf Jahre später, dass »nicht selten ein Zwanzigstel Berlins hier zu weilen pflegt«;[61] bei gut einer Million Einwohner, die die Stadt zu diesem Zeitpunkt zählte, wären das etwa 50.000 Besucher. Kein Wunder, dass Zeitgenossen davon berichteten, dass sich im Zoo »besonders an schönen Sommerabenden ein froh belebtes, echt großstädtisches Leben und Treiben«[62] entfaltete, sollten doch »an einem einzigen ›billigen Sonntag‹ mehr Menschen den Berliner ›Zoologischen‹ besuchen, als manche grosse Stadt Einwohner hat«[63].

Die 1870er Jahre setzten eine markante Zäsur in der Geschichte Berlins: Durch die Reichsgründung und den damit verbundenen wirtschaftlichen und politischen Bedeutungszuwachs stiegen auch die Bevölkerungszahlen enorm an. Zwischen 1865 und 1877, als Berlin Millionenstadt wurde, wuchs die Einwohnerzahl um etwas weniger als das Doppelte, 1890 lebten bereits fast 1,6 Mio. Menschen in der Stadt, kurz nach 1900 beinahe zwei Millionen. Auch für den Zoologischen Garten, der zusätzlich durch immer bessere Massenverkehrsmittel mit dem Stadtzentrum verbunden wurde, bedeutete dieser enorme Anstieg Veränderungen.

»Von den Adlern bis zu den Bären, vom Altan des Hauses bis zum Teich und den Hügel hinauf, hinter der Musikhalle, um den wasserspendenden Neptun herum – alles dicht besetzt, Tisch an Tisch, Kopf an Kopf; es sitzt, steht, wandelt, wirbelt durcheinander, ein buntes Kaleidoskop von Farben und Figuren«[64], so beschrieb die *National-Zeitung* im Sommer 1875 das großstädtische Flair im Zoo, der nicht umsonst 1881 zwei neue Eingänge erhielt. »Ja, wahrlich«, hieß es auch in den 1890er Jahren, »wie ein breiter Strom ergießen sie sich durch die musterhaft sauber gehaltenen Gänge, wogen unter den noch spärlich belaubten Bäumen auf und ab, ziehen sich,

Abb. 2: Zoo-Konzert. Die bürgerlichen Massen zu Besuch, 1872.

einer bunt schillernden Riesenschlange gleich, um das Neptunsbecken, besetzen die Terrassen bis hoch hinauf zu dem gefälligen Bau, der die Restauration beherbergt.«[65]

Um die Jahrhundertwende schließlich berichten die Quellen von einem noch größeren Aufschwung des Zoos. Berlin hatte zu dieser Zeit erstmals über zwei Millionen Einwohner, die Zahl touristischer Nächtigungen lag bei etwa 800.000 pro Jahr.[66] »Allein aus den Aktionären und den Abonnenten ist dem Garten eine tägliche, nur vom Wetter beeinflusste durchschnittliche Besuchsziffer von 5–10.000 Köpfen gesichert. An gewöhnlichen Wochentagen empfängt der Garten außerdem den Besuch von etwa 3–4.000 das volle Eintrittsgeld zahlenden Gästen, zu welchen noch etwa 2.000 Personen kommen, welche Abends nach 7 Uhr für das halbe Eintrittsgeld die Konzerte hören und in der Gartenanlage Erholung suchen wollen. An den Wochentagen der guten Jahreszeit schwankt demnach die Besuchsziffer zwischen 10. und 15.000 Personen. [...] An den Sonntagen mit normalem Eintrittsgeld erreicht die Zahl der Besucher die Höhe von 30–40.000 Köpfen, um an den billigen Sonntagen auf die angegebene Höhe von oft mehr als 100.000 Köpfen emporzuschnellen.«[67]

Der Zoologische Garten hätte sich nach Angaben von *Griebens Reiseführer* zum »Lieblingsaufenthalte der besseren Kreise der Berliner Bevölkerung«[68] entwickelt, besonders zu den im Berliner Zoo regelmäßig stattfindenden Sonderveranstaltungen erschienen »die Spitzen des Militärs, hohe Staatsbeamte, die Gelehrten-, Künstler-, Schriftsteller- und Journalistenwelt, schöne, elegante und geistreiche Frauen« und allerlei »berühmte Persönlichkeiten«[69]. Doch auch das »bescheidenere Publikum«, das an den ›billigen Sonntagen‹ gleichsam eine »Auswanderung von den entferntesten Stadttheilen her«[70] betrieb, besuchte ihn zu Tausenden. Bemerkenswert ist die offensichtlich praktizierte Trennung des Publikums nach gesellschaftlicher Herkunft: »[G]erade an einem Zweigroschensonntag«, wird 1896 berichtet, »fühlt der kleine Mann mit den Seinen sich im Zoologischen Garten doppelt wohl. Er hat, vornehmlich während der Hochsommermonate, das Reich für sich. Die elegante Welt der oberen Zehntausend, die den Zoologischen Garten sonst zu bevölkern pflegt, ist um die Hochsommerzeit auf Reisen, hält sich auch in der Vor- und Nachsommerzeit von den Zweigroschensonntagen mit Vorliebe fern, und wie eine Genugthuung empfindet es der kleine Mann, daß ihm Berlin W. heut so gut wie gar nicht in die Quere kommt.«[71] »Die Stimmung«, stellte ein anderer Autor fest, »die an den Sonntagen sonst in den Sommerlokalen der Vorstädte und auf den Rummelplätzen heimisch ist, zieht mit der schaulustigen Menge ein und offenbart, wie volkstümlich der Zoo bei dem Berliner Publikum ist.«[72] Diese Notizen zeichnen den Zoo als Ort der Hoch- bzw. Elitenkultur und der populären Massenkultur gleichermaßen, geben jedoch gleichzeitig Auskunft über den häufig formulierten Wunsch nach Trennung der unterschiedlichen Bevölkerungsgruppen, die dort aufeinander trafen. Bezeichneten die Massen immer auch das »bedrohliche und unheimliche Andere der Kultur und Zivilisation«[73], das sich der Stadt nach und nach zu bemächtigen schien, konnte sich im Zoo die bürgerliche Gesellschaft darauf verlassen, dass die »Zweigroschensonntage« dafür sorgten, dass zumindest von Zeit zu Zeit auch die Besucher klassifiziert wurden – oder diese Klassifikation vielmehr selbst vornahmen – und sie den Garten ›ihrer jeweiligen Natur entsprechend‹ aufsuchten.

»Communication«

Menschenverkehr

Um den Besuchern des Zoos die hegemonialen Vorstellungen von Natur und Gesellschaft überhaupt vermitteln zu können, mussten zunächst die Kanäle für die – durchaus wörtlich zu verstehende – »Communication«[74] geschaffen werden. Damit »in einer Weltstadt sich eine Welt im Kleinen bilde[n]«[75] konnte, mussten Stadt und Zoo miteinander vernetzt werden, mussten Verbindungen existieren, die es ermöglichten, tausende von Menschen mit Hilfe reibungslos funktionierender Verkehrsmittel in regelmäßigen Abständen aus allen Teilen der Stadt in den Tiergarten zu bringen.

Eine der entscheidenenden Eigenschaften der Zoologischen Gärten des 19. Jahrhunderts war, dass sie sich, anders als die fürstlichen Menagerien, die häufig bei Sommerresidenzen und Lustschlössern, oft in beträchtlicher Entfernung zur Stadt, gelegen waren, wesentlich näher am Stadtzentrum befanden. Der Berliner Zoo bildete in dieser Hinsicht eine gewisse Übergangsform: Durch seine Lage am Rande des königlichen Tiergartens befand er sich bei seiner Gründung 1844 noch außerhalb des städtischen Zentrums, wurde durch den enormen Bevölkerungsanstieg Berlins und die damit verbundene Ausbreitung der Stadt seit der Mitte des Jahrhunderts bald von ihr umschlossen. »Wie an innerer Macht und geistiger Bedeutung, so wuchs die Stadt auch äußerlich«, bemerkte ein Chronist 1878. »Sie sprengte in der jüngsten Zeit die fesselnden Mauern, mit denen man so lange ihre Hüften umgürtet hatte, und streckte, wie ein befreiter Gefangener, ihre Arme weit hinaus in die grünen Gefilde, die sie bis dahin nur über ihre Schranken und durch ihre Torspalten erblickt hatte.«[76] Zu den »grünen Gefilden«, die bald von der Stadt umfasst waren, gehörte eben auch der Berliner Zoo, der durch ein Statut des Vorstandes bereits seit dem 14. Mai 1869 nicht mehr »bei«, sondern nun tatsächlich »zu« Berlin lag. »Schon jetzt fast ganz eingebaut, wird er immer enger von den Häusermassen der vornehmsten Wohnviertel von Berlin umschlossen«,[77] hieß es drei Jahrzehnte darauf. Es lag nicht zuletzt an seiner geographischen Position, dass der Berliner Zoo als »Erholungs- und Belehrungsstätte ohne Gleichen [...] *inmitten* der Bewohner«[78] identifiziert wurde.

Anders dagegen die Schönbrunner Menagerie. Sie lag, wie Friedrich Knauer noch 1893 kritisch notierte, »vom Hauptverkehre Wiens viel zu weit ab, um einer Hauptanforderung an einen Thiergarten, oft und leicht besuchbar zu sein, Genüge leisten zu können«[79]. Und tatsächlich war es erst der Bau der Stadtbahn gewesen, der dazu geführt hatte, dass nicht nur wesentlich mehr Menschen den Weg in die Außenbezirke des neuen »Großwien« auf sich nahmen, sondern dass der Schönbrunner Tiergarten sich auch symbolisch der Stadt und ihrer Einwohner annäherte, dass er »dem Herzen Wiens und der Wiener womöglich noch näher«[80] rücken konnte. Vor dem Bau der Stadtbahn, die dem Tiergarten Schönbrunn an manchen Tagen mehr als 25.000 Besucher bescherte und die Stadt zum Tiergarten brachte, war die Fahrt vor die Linien der Stadt weitaus komplizierter und mit erheblichem Zeitaufwand verbunden gewesen.[81]

Seit der Öffnung der Menagerie für das Publikum 1778 gab es unterschiedliche Möglichkeiten, von der Innenstadt zur Menagerie zu gelangen. Am teuersten, aber auch bequemsten, war die Fahrt mit dem Fiaker. Diese Pferdekutschen, von denen an die 700 in der Stadt und den Vorstädten bereit standen, waren die »elegantesten« Fortbewegungsmittel – »[s]ie fahren, wohin man will«[82] (zum Schönbrunner Schloss durften sie allerdings natürlich nicht vorfahren, sondern mussten ihre Passagiere am Hietzinger Kai aussteigen lassen) –, und das Vergnügen kostete dreißig Kreuzer in eine Vorstadt oder von dort in die Innenstadt. Eine andere Möglichkeit, zum Tiergarten zu kommen, waren Stell- oder Gesellschaftswagen, »die auf bestimmten Plätzen stehen und zu bestimmten Stunden auf die besuchtesten Orte um Wien fahren«[83] – diejenigen, die um zwölf Kreuzer pro Person stündlich nach Hietzing fuhren, waren am Petersplatz und am Neuen Markt stationiert. Die Stellwagen wurden privat betrieben, 1842 gab es siebzig Lizenznehmer. Sie verfügten über gedeckte Sitzplätze für acht bis zehn Personen, ebenso wie die etwas weniger bequemen Stellfuhren. Vor den Linien verkehrten die Zeiselwagen, »die auf die nächsten Orte fahren, jedoch nicht viel besser sind als Leiterwagen mit Quersitzen; dafür aber auch um einen Spottpreis; nach Schönbrunn z.B. 4kr«.[84] Später gelangte man mit der Tramway bzw. dem Omnibuswagen über dieselben Routen, die die Gesellschaftswagen genommen hatten, nach Schönbrunn.[85] 1899 wurde die Wientallinie der Stadtbahn eröffnet – freilich nicht, ohne

Mitgliedern des Hofes bei Schönbrunn ein eigenes Stationsgebäude, den Kaiserpavillon, zur Verfügung zu stellen.

Zur Zeit seiner Gründung lag der Berliner Zoo ebenfalls nicht direkt im Stadtzentrum. Man konnte, ähnlich wie in Wien, mit Fiakern oder Kremsern dorthin kommen, die seit 1822, als Hofrat Kremser ein Privileg auf 25 Wagen erhielt, auf der Strecke nach Charlottenburg durch den Tiergarten eingesetzt wurden. Vor den Toren warteten weiters sogenannte Torwagen auf Kundschaft, außerdem konnte man mit Droschken in den Zoo gelangen. Durch das rapide Wachstum der Stadt wuchsen natürlich auch die Möglichkeiten, mit öffentlichen Verkehrsmitteln dorthin zu kommen. 1865 wurde die erste Pferdeeisenbahn in Betrieb genommen. Auf den Hauptlinien des Straßenbahnnetzes, das von 1886 bis 1892 die südwestlichen Vororte Berlins erschloss, wurde mit Dampfkraft gefahren. Die erste Linie war die am 5. Mai 1886 eröffnete Strecke vom Zoo nach Halensee.[86] Eine entscheidende Zäsur für den Zoo stellte die Eröffnung des gleichnamigen Bahnhofs dar. Er wurde 1882 für den Stadtbahnverkehr geöffnet – der Zoologische Garten bekam daraufhin zwei neue Eingänge, die einerseits den verstärkten Besucherzustrom kontrollieren helfen sollten, andererseits aber auch die sich stetig verstärkende Öffnung des Gartens in Richtung Stadt symbolisierten. 1884 wurde der Bahnhof schließlich dem Fernbahnverkehr eröffnet, 1902 wurde die erste U-Bahn-Strecke, an der der Bahnhof Zoo ebenfalls lag, für den Personenverkehr frei gegeben.

Abb. 3: Dampfbahn zur Elefantenpagode.

Straßen, Wege und Stadtbahntrassen sind direkte Verbindungslinien zwischen Stadt und Zoo. Der Grad ihrer Existenz bestimmt den Grad der Nähe und Annäherung der beiden Räume. Für den Schönbrunner Tiergarten bedeutete der Bau der Stadtbahn massive Veränderungen, die mit dem sprunghaften Anstieg der Besuchszahlen einhergingen. Für den Berliner Zoo stand nicht so sehr die Frage der Überbrückung der Kluft zur Stadt im Vordergrund – jene existierte spätestens am Ende des Jahrhunderts nicht mehr. Der Zoo war von Stadt umgeben, er lag mitten im Berliner Westen, gleich neben Tauentzienstraße und Kurfürstendamm – »die Häuser [sind ihm] dicht auf den Leib gerückt [...] und der Lärm der Hupen, das grelle Licht der Scheinwerfer und Reklamen [dringt] über seine Mauer«[87]. Es verkleinerte sich nicht nur die Entfernung zwischen Stadt und Zoo, sondern auch die Strecke der scheinbar entgegengesetzten Pole des Natürlichen und Kultürlichen.

Warenzirkulation

Zoos arbeiten bei der Erzeugung einer scheinbar authentischen Erfahrung exotischer Natur nicht nur mit Stereotypen des Anderen, sondern sind immer auch an deren Produktion durch die Einbeziehung vertrauter, bekannter kultureller Zeichen, die dem Stadtbild entlehnt sind, beteiligt. Im Modell des städtischen Zoos etablierten »die mitteleuropäischen Metropolen des beginnenden industriellen Zeitalters eine Gegentopographie zum Bestehenden, um sich im Spiegel des ›Fremden‹, ›Kreatürlichen‹ oder ›Wilden‹ ihrer eigenen verschütteten Herkunft und Identität zu versichern«[88], die im kulturellen Text des Gartens jedoch stets bereits miteingeschrieben ist.

Je schneller die europäischen Großstädte wuchsen und je besser der öffentliche Nahverkehr ausgebaut wurde, desto mehr Menschen besuchten die Zoologischen Gärten und desto größer wurde nicht zuletzt auch ihre ökonomische Bedeutung. Wer über die Symbolik des Zoos bestimmen konnte, wessen Marken Teil der Zoonatur waren, war somit auch eine wichtige wirtschaftliche Entscheidung. Sehr bald begannen daher städtische Unternehmer und Großindustrielle sich gezielt Einfluss im Zoo zu sichern. Als Mäzenaten förderten sie in großbürgerlicher Tradition die neuen Kulturinstitutionen und sorgten gleichzeitig dafür, dass nicht nur die Werte, sondern mit ihnen auch die Waren der prominentesten Vertreter des lokalen Großbürgertums im Zoo präsent waren. Großunternehmer praktizierten in den Zoos tatsächlich eine Sponsorentätigkeit in einem modernen Sinn, waren ihre Zuwendungen doch weniger großzügige Geschenke als vielmehr strategische Unterstützungen, die qua Naturalisierung Ansehen und Bedeutsamkeit ihrer Unternehmen steigerten.

Friedrich Knauer hatte ein Fehlen dieser spezifischen Unterstützungskultur für den Schönbrunner Tiergarten während des gesamten 19. Jahrhunderts mehrfach erwähnt: »Man lese nur die Angaben in den Jahresberichten und Katalogen ausländischer Thiergärten, um zu ersehen, was da von allen Seiten unaufgefordert an Thieren, Decorationsgegenständen, Baumaterialien den Thiergartenverwaltungen zukommt.«[89] Davon konnte in der Wiener Menagerie keine Rede sein – die Gründe dafür sind vielfältig: Möglicherweise lag es schlicht und einfach nicht im Interesse der höfischen Privatinstitution, allzu enge Allianzen mit dem nach Ansehen und Einfluss strebenden städtischen Wirtschaftsbürgertum einzugehen. Die Gründe könnten aber auch in der spezifischen Struktur und Ausprägung der Wiener Mäzenatenkultur liegen: Hannes Stekl hat die Rolle der Wiener Mäzene im 19. Jahrhundert bei der Förderung von Museen, Konzertsälen und Ausbildungsstätten untersucht, wobei er inbesondere auf die Bedeutung der damit signalisierten Verbindung von kulturellem, sozialem und karitativem Engagement hinwies, das die Propagierung bürgerlicher Werte mit der Stabilisierung der bestehenden Gesellschaftsordnung verknüpfte.[90] Die Mäzene öffentlicher Institutionen bestimmten demnach »das zeitgenössische Kulturverständnis entscheidend mit, sie forcierten seine Breitenwirkung [und] trugen zur Bildung eines bestimmten Publikumsgeschmacks bei«.[91] Über die Förderung der Wissenschaften – immerhin verstand sich der Tiergarten Schönbrunn auch und vor allem als wissenschaftliche Institution – ist hingegen viel weniger bekannt. Daher bleibt auch unklar, welche Rolle sie in Wien spielte, eine Tatsache, die darauf hinweisen könnte, dass ihre Bedeutung möglicherweise nicht besonders groß war. Ein anderer Grund lag mit Sicherheit in den unzähligen formalen Beschränkungen und im komplizierten Verwaltungsweg bei Hof. Wie bei jedem Ankauf musste auch bei einer potentiellen Schenkung die Menagerieinspektion beim Obersthofmeisteramt um Erlaubnis fragen, wobei deren Erteilung durchaus nicht selbstverständlich war.[92] Nennenswerte Kooperationen mit Großunternehmen kamen dadurch nicht zustande, aber sogar die Überlassung einigermaßen kurioser Objekte wie einer ganzen Almhütte, welche die Papierfabrik Schlöglmühl der Menagerie 1890 vermachen wollte[93], oder eines »Hundesaugapparats [sic] inklusive Regulation der Zuflussstärke der Milch und regulierbarer Spiritusheizung« geriet damit zum bürokratischen Spießrutenlauf. Über mehrere Wochen wurde über den Saugapparat des Ludwig von Mérey korrespondiert. Ende 1906 wandte sich der Menageriedirektor Kraus dem Dienstweg entsprechend an das Obersthofmeisteramt, dass die Menagerie das Schreiben des Erfinders erhalten hätte, »mit welchem derselbe einen von ihm erfundenen Saug=Apparat u. zw. zum Zwecke des Säugens junger Löwen und anderer

Tiere anbietet und als Gegenleistung einige photographische Aufnahmen von an dem Apparat säugenden Tieren, welche für dessen Kosten herzustellen wären, erbittet«. Da nun »zwei, möglicherweise drei Löwinnen tragend, eine hiervon schon im Monate Jänner k.J. zum Wurfe gelangt, passende Hündinnen zum Säugen der jungen Raubtiere oft nur sehr schwer erhältlich sind«, ersuchte Kraus, den Apparat geschenkweise annehmen zu dürfen. Kurz darauf erfolgte die Genehmigung des Obersthofmeisteramtes mit dem Hinweis, dem Spender solle gedankt werden; man schlug auch vor, »Aufnahmen durch Amateure machen zu lassen u. Exemplare hievon H. v. Merey kostenlos zur Verfügung zu stellen«[94].

Den teils kurios anmutenden Schenkungen an den Tiergarten Schönbrunn stand in Berlin ein hochprofessionell organisiertes Netzwerk beidseitig gewinnbringender Austauschprozesse gegenüber, wobei die Beziehungen des Unternehmers August Borsig zum Zoo als exemplarisch dafür vorgestellt werden können: Borsig galt als Symbolfigur des modernen Berlin, dessen ausgedehnte Fabriken und daran angeschlossene Mietskasernen das Stadtbild umfassend prägten. Die eindrucksvolle Entwicklung des Unternehmens schilderte ein Berliner Chronist 1870: »Vor dem Oranienburger Tor baute Borsig im Jahre 1836 einen Bretterschuppen, an derselben Stelle, wo sich heute auf einem Raume von 120,000 Quadratfuß die großartigste Anstalt ausdehnt.«[95] Borsig war für Berlin wirtschaftlich von enormer Bedeutung. Bereits 1847 beschäftigte August Borsig 1.200 Arbeiter. »Außer den vielen Locomotiven lieferte die Anstalt Brücken von verschiedenster Ausdehnung, Dächer für die Bahnhallen und Kirchenkuppeln, darunter die mächtigen Kuppeln der Nicolaikirche und des königlichen Schlosses zu Berlin«,[96] und gestaltete mit ihren Erzeugnissen das Berliner Stadtbild also tatsächlich entscheidend mit. Entlang der Tor- und Chausseestraße erwarb August Borsig zwischen 1836 und 1840 einen riesigen Gebäudekomplex, der dem Stadtteil zu der Bezeichnung »Feuerland« verhalf. Nach der Eröffnung des neuen Werkes in Tegel bei Berlin wurde bald ein ganzer Bezirk nach dem Unternehmen benannt.

Für das einheitliche architektonische Erscheinungsbild der Borsig'schen Anlagen (Fabriken, Wohneinheiten, Verwaltungsgebäude) war der Architekt Johann Heinrich Strack, seines Zeichens preußischer Ober-Hofbaurat, verantwortlich. Schon in den 1830er Jahren baute er die Maschinenbauanstalt, die in den folgenden Jahren kontinuierlich erweitert wurde und »nicht nur von dem Selbstbewusstsein eines erfolgreichen Unternehmers [kündete]«, sondern auch insofern einen Meilenstein darstellte, als »sich die dekorative Architektur zum ersten Mal in den Dienst profanen, privaten Fabrikbaus«[97] stellte. Als »Etablissement August Borsig«[98] war das Gebäude stadtbekannt geworden, sein Uhr- und Wasserturm galten als Ikonen des neuen Berlin. 1849 war es erneut Strack, der beauftragt wurde, eine Villa für Borsig zu bauen. Das Ergebnis war ein mondäner Prachtbau aus Backstein und Terrakotta, ganz in der Tradition Schinkels, dessen Schüler Strack war. Der dazugehörige Park, ausgestattet mit Gewächshäusern und exotischen Pflanzen, die zum ersten Mal in Berlin zu sehen waren, war nach Entwürfen von Peter Joseph Lenné gestaltet, der damit zum ersten Mal einen derartigen privaten Auftrag übernommen hatte. Borsig finanzierte – nicht nur, aber auch für diesen Garten – botanische Expeditionen nach Südamerika; die Pflanzen, die von dort mitgebracht wurden, siedelte er in seinen Treibhäusern an, einige wurden sogar nach im benannt (*Monstrera borsigiana, Astrocaryum borsigianum*). Zeitgenossen berichten von den »krystallene[n] Blumenpaläste[n], die zu abendlichen Festen in tageshell flammender Gasbeleuchtung einen zauberischen Anblick gewähren«[99]. Die Wohnanlage entwickelte sich schnell zu einer Berliner Sehenswürdigkeit, deren Park und Gewächshäuser gegen die Entrichtung eines Eintrittsgeldes von Besuchern besichtigt werden konnten.[100]

Der Großindustrielle Borsig war eine der Schlüsselfiguren des aufstrebenden Berlin – da schien es ganz natürlich, dass sein Imperium auch im Zoo zur Darstellung kam. Nicht nur entwarf der königliche Landschaftsbaumeister Peter Joseph Lenné Borsigs Garten etwa zur gleichen Zeit wie den Berliner Zoo – es war auch niemand anders als der Architekt der Borsig'schen Anlagen, Strack, für die Tierhäuser des Berliner Zoos von 1844 verantwortlich. Abgesehen von diesen personellen Verschränkungen war August Borsig um eine aktive Tätigkeit als Mäzen bemüht. In dieser Rolle schenkte er dem Berliner Zoologischen Garten eine seiner berühmten Dampfmaschinen sowie weitere technische Gerätschaften aus dem Sortiment seiner Fabriken und führte sein Unternehmen damit gleichzeitig strategisch in die Sphäre des Natürlichen ein, sicherte ihm einen Platz auf den wenigen Quadratkilometern, auf denen nichts weniger als die bürgerliche Welt zur Darstellung gebracht werden sollte.

Seine wirtschaftliche Bedeutung bezog der Berliner Zoo nicht nur aus den gerade beschriebenen Verbindungen des ökonomischen Kapitals lokaler Großunternehmer mit dem symbolischen Kapital des Zoos, sondern auch über seine Bedeutung als Massenvergnügungsort, an dem täglich tausende Menschen Dienstleistungen in Anspruch nahmen und Konsumgüter verzehrten.

Die Organisation seines Wirtschaftsbetriebes wurde Anfang des 20. Jahrhunderts, also zu einer Zeit, in der er bereits von bis zu 100.000 Menschen am Tag besucht worden sein soll, derartig beschrieben, »daß alle für die Küchen, Bier- und Weinausgaben usw. bestimmten Vorräte in eine Zentralannahme eingeliefert werden. Diese Zentralannahme steht in

Verbindung mit großen Kühlanlagen, Magazinen für trockene Vorräte, Fleischerei, Fischbassins, Putzräumen usw.« Die Lebensmittelversorgung für Tier und Mensch funktionierte über interne Lagerungs- und Zubereitungskreisläufe. Neben einem eigenen Nahrungsversorgungssystem verfügte der Berliner Zoo über »Bureauräume für 40 Beamte, Schlafräume für 80 männliche und 100 weibliche Angestellte« und eine »Wohnung für den Restaurationsdirektor«.[101] Zur Sicherstellung einer autonomen technischen Versorgung existierte ein »besondere[s] Gebäude mit Heizungsanlage (Dampfmaschinenanlage)«, die »stetig ausgebaut« wurde, des Weiteren eine Wasserversorgungsanlage, die mit Pumpen und Hochbehältern im Turm ausgestattet war und auch die Warmwassererzeugung für den Zoo sicherstellte. Eine Lichtzentrale, eine Kühl- und Eiserzeugungsanlage, eine Enteisenungsanlage, eine Wäscherei für bis zu 4200 kg Tageswäsche, eine Müllverbrennungsanlage, diverse Werkstätten, ein Stuhllager für die Sessel der Restauration bzw. der Veranstaltungsräume, Garderobenräume, Wasch- und Putzräume und sogar eine »Barbierstube« komplettieren das Bild einer sich selbst versorgenden Institution, die scheinbar unabhängig war von der sie umgebenden Stadt.[102]

Trotz der Beschäftigung erheblicher Mengen von Personal war der Zoo auf spezialisierte Arbeitskräfte von außen angewiesen. Die Neubauten der Tierhäuser und Vergnügungsetablissements ebenso wie Restaurationsarbeiten an bestehenden Gebäuden sicherten zahlreiche Arbeitsplätze in der Stadt – die *Deutsche Bauzeitung* sprach 1912 von Fachleuten für Beleuchtung, für Beschlägearbeiten an Türen und Fenstern, Stuckarbeiten, für Kork-Isolierungen und Trockenlegungen. Personal der städtischen Telefonwerke wurde gebraucht, außerdem Bäcker, Wirte, Tischler, Glaser und unzählige andere, die die Großaufträge des Zoos erledigten, welche für städtische Unternehmen eine wichtige Einnahmequelle darstellten. Der Text, der die ganze florierende Zoo-Industrie beschreibt, endet schließlich mit der Beurteilung, dass sich »[d]ie unter Zusammenwirkung so zahlreicher Kräfte entstandene Anlage [...] als eine *großstädtische Schöpfung ersten Ranges* glänzend bewährt«[103] hätte.

Das Publikum, das im Zoo derartig betreut, dessen Bedürfnisse nach leiblichem Wohl und authentischer Natur so professionell befriedigt wurden, stellte zu einem guten Teil auch jenseits des Zoobesuchs eine potentielle Käuferschaft dar. Schon seit 1872 befanden sich daher im hinteren Teil der Zooführer – die Pflichtlektüre jedes naturkundlich Interessierten – Anzeigenteile, in denen die unverzichtbaren Dinge großbürgerlichen Lebens beworben wurden: Die Hersteller von Taschenuhren oder eleganter Herren- und Damengarderobe nach Maß nach dem Vorbild »nur allerneuester Engl. Nouveautés«[104] bewarben ihre Dienste ebenso wie »praktische Zahnkünstler«[105] und solche Unternehmen, die die Verlängerung des Zoobesuchs ins bürgerliche Heim versprachen: Zoologische Großhandlungen, die nicht nur Vögel samt Zubehör (»Spezialität: Sprechende Papageien und liederpfeifende Dompfaffen«[106]), Aquarien und Terrarien verkauften, sondern etwa auch echte »Zoologischer-GartenStühle«[107]. Besonders breiten Raum nahmen in den Zooführern nicht umsonst Annoncen von Firmen ein, die sich auf die Produktion von und den Handel mit künstlicher Natur spezialisiert hatten, Landschaftsgärtner genauso wie die Hersteller von Pelzcolliers und Pelzteppichen oder Betriebe, die das »Naturalisieren in bester solidester Ausführung, Ausstopfen von Vögeln und Säugetieren«[108] inserierten.

Im Führer von 1872 ist der den »Wegweiser zu den renommirten Geschäften Berlins, feinen Restaurants und öffentlichen Lokalen« enthaltende Anhang gleich dem Büchlein selbst als Leitfaden organisiert. Wird im Hauptteil dem naturkundlichen Laien die richtige Ordnung der Natur vorgestellt, findet sich auf den Seiten gleich dahinter die Anleitung zur angemessenen Ausstattung des bürgerlichen Lebens.

Die Ordnung der Natur und die der bürgerlichen Welt verweisen gegenseitig aufeinander. Welcher Art die Medien waren, über die jene wechselseitige Information

Führer
durch den
Zoologischen Garten.
Eine kurze Beschreibung
der in ihm zur Schau gestellten Thiere
nebst
Sehenswürdigkeiten
von Berlin, Potsdam und Charlottenburg.
Berlin, 1872.
Druck und Selbstverlag von J. L. Fernbach in Berlin,
Jerusalemer-Straße 38.

Abb. 4: Alles in einem: Leitfaden durch die geordnete Natur …

Wegweiser
zu den
renommirten
Geschäften Berlins
feinen Restaurants
und
öffentlichen Lokalen.
Berlin, 1872.
Druck und Selbstverlag von J. L. Fernbach,
Jerusalemer-Strasse 39,
(am Dönhofsplatz).

Abb. 5: … und Wegweiser durch die bürgerlichen Warenwelten.

organisiert war, und welche Quellen es überhaupt waren, aus denen das Publikum seine Vorstellungen über die im Zoo zu sehenden Tiere bezog, welche Vorstellungen und Ideen an der Produktion der künstlichen Tiere beteiligt waren, wird im folgenden Kapitel näher untersucht.

II. Ordnung

Figuren des Bürgerlichen

Tiere

Durch einen Aufenthalt in der »freien Natur«, begleitet durch die Anschauung der harmonisch angeordneten Tierstaaten, so der Tenor der bildungsbürgerlichen Blätter, würde »das Volk [...] langsam, aber nachhaltig versittlichen und einsichtsreifer werden«.[109] »Das Volk« bezeichnet hier kaum die neue bürgerliche Elite, sondern das Publikum der Zweigroschensonntage, das an diesem scheinbar unpolitischen Ort in die sozialen Grundlagen des bürgerlichen Wertekanons eingeübt wurde. Erholung und Freizeit wurden pädagogisiert und moralisiert, und der bürgerliche Zoo bot dazu einen idealen Ort.

Im Zoo erlange die göttliche Ordnung der Welt eindrucksvoll Sichtbarkeit, vermittelten populäre Familienzeitschriften ihrer Leserschaft: »Muß es nicht«, hieß es etwa in der *Gartenlaube*, »die Toleranz (in religiösen, staatlichen und geselligen Dingen) entschieden fördern, wenn sich Jeder mit eigenen Augen überzeugt, daß der Schöpfer einem Jeden Thiere seine eigenthümliche Art und Weise verliehen, Jedem seine besondere Pflicht und Sitte angewiesen hat? Muß es nicht Jedem Billigkeit für und Rücksichtnahme auf fremde Eigenthümlichkeit einprägen, wenn er sieht, wie in der Natur jedes Geschöpf auf eine andere Art, und doch den thatsächlichen Verhältnissen ganz entsprechend seine Lebenszwecke verfolgt?«[110] Dementsprechend rief die Zeitschrift ihre Leser emphatisch zum Zoobesuch auf: »Keine Seelenäußerung im Menschen, die nicht, wie die körperlichen Structuren desselben, in irgend einer Thierclasse schon ihr Vorbild hätte. Also das ganze Thierreich gleichsam eine in zahllose Einzelheiten auseinandergelegte Psychologie, wie es die vergleichende Anatomie längst hinsichtlich der Körperkunde gethan hat. So kommt es dann, daß wir in Beobachtung des Lebens und Treibens der Thiere recht eigentlich in einen Spiegel unseres eigenen geistigen Wesens blicken.« Durch die Beobachtung der Tiere, die den Menschen »die Grundbedingungen zur verständigen Durchführung [ihrer] Lebenszwecke« lehrten, würde »das Volk [...] langsam, aber nachhaltig versittlichen und einsichtsreifer werden«.[111]

Die den Tieren übertragene öffentliche Darstellung scheinbar privater Angelegenheiten spielte im Zoo vor allem seit dem 19. Jahrhundert eine zentrale Rolle. Das Tier galt als »Spiegelbild« des Menschen, in ihm könne dieser, so die populären Naturkundeblätter des 19. Jahrhunderts, seine reine, unverfälschte Natur erkennen, die beim Großstädter oft verdorben sei oder unter dem Ballast des Alltags verschüttet liege. Angesichts der »täglichen Wogen des Geschäftsmeeres«, »Mode und conventionellem Zwang« sei der Stadtmensch beständig »hin- und hergeworfen«, und auch, wenn man das »Rad der Zeit« unmöglich im Sinne einer Rousseau'schen Rückkehr zur Natur zurückdrehen könne, so bliebe doch die unabdingbare Notwendigkeit, in zur Kontemplation einladenden Umgebungen tiefere Einsichten über das eigene Dasein zu erlangen – kaum ein Ort schien dafür besser geeignet als »Parke mit interessanten Thieren und Pflanzen [...] in der Nähe ihrer Städte«[112]. Nicht zuletzt ermögliche das Studium der Tierwelt soziale Orientierung durch Erkennen der eigenen Stellung im »Naturganzen«. »Zum ersten Mal in seinem Leben«, heißt es etwa in einem Text aus 1896, sei dem »kleinen Familienvater« nach einem »billigen Sonntag« im Berliner Zoo »so recht klar geworden, daß jeder dieser tausenderlei verschiedenen Thierformen, die allein ein einziger großer Zoologischer Garten birgt, ihr ganz bestimmter Platz, ihre ganz bestimmte Rolle, ihr ganz bestimmter Weg innerhalb des Naturganzen vorgezeichnet ist, und daß keine einzige davon abweichen darf, ohne das Gesammtgleichgewicht zu stören und sich selbst damit zu Falle zu bringen«.[113]

Das Tier, dessen »Familienleben« und verständige Fügsamkeit in den ihm zugedachten Platz innerhalb der Naturgeschichte zur Schau gestellt wurden, geriet sowohl zum moralischen wie zum politischen Vorbild. Maßstab war dabei immer der menschliche Blick und seine Erwartungen, denen das Tier unbedingt gerecht werden musste. Tiere, die sich bereits »alle Erfahrungen eines Thiergartentieres«[114] angeeignet hatten, waren gefragt, die also gelernt hatten, ein bestimmtes Handlungsrepertoire zu beherrschen, dessen Basis der routinierte Wechsel aus Fressen, Spielen, Kämpfen und Paaren darstellte. Künstliche Tiere waren gefordert, Meister der kulturellen Mimikry, denen ein Überschreiten ihrer eigenen Klischeebilder in der Regel heftige Kritik einbrachte.

»Zwölf Jahre schon«, klagte der Autor eines Artikels im *Neuen Wiener Tagblatt* 1913 über einen Somali-Löwen im Tiergarten Schönbrunn, »läßt er hier die Menschen an sich vorüberziehen und behandelt sie noch immer mit der gleichen blinzelnden Verachtung wie am ersten Tage.«[115] Aus demselben Grund wurden auch die beiden jungen Eisbären in der Menagerie kritisiert, die »in der ersten Zeit ihrer Ankunft mißmutig in dem Käfig kauerten und den Beschauer keines Blickes würdigten«[116]. Schlafende

Affen, versteckte Jaguare und vor sich hin dösende Bären wurden von ihren menschlichen Zeitgenossen, die Eintritt gezahlt hatten, um sie zu sehen, mit Verachtung gestraft. Geradezu skandalös allerdings erschienen Zoobewohner, die nicht Idealtypen gemäß der in der bildungsbürgerlichen Lektüre beheimateten Fauna waren. »Entgegen den von Humboldt und Brehm aufgestellten Theorien, daß die Löwen monogame Veranlagung haben«, sei der Schönbrunner Löwe »ein höchst galantes Tier, das in bezug auf die Zahl seiner Weibchen fast mit einem Sultan wetteifern kann«[117], wie es im *Neuen Wiener Tagblatt* von 1913 hieß. Zwar trug dieser Wesenszug zur sonst von ihm vernachlässigten, vorher kritisierten Unterhaltung des Publikums bei; schwerer wog aber die Tatsache, dass das Tier damit nicht mehr als Repräsentant seiner Art taugte. Referenzpunkt für die Beschauer war stets ein Bild, das virtuelle Tier. Es waren populäre Bücher wie *Brehms Thierleben*, die enorme Verbreitung fanden und mit ihren Tierdarstellungen und anthropomorphisierenden Zuschreibungen Vorstellungen fixierten, die von den Tieren im Zoo erfüllt werden sollten. Sie hatten die Definitionsmacht über das Normale, das Typische in der Natur inne, und jede Abweichung davon erzeugte tiefgreifende Irritationen.

Abb. 6: Brehms ideale Tiere I: Der posierende Affe.

Abb. 7: Brehms ideale Tiere II: Die dynamische Hyäne.

Die Zeitschrift *Ueber Land und Meer* berichtete 1875 über einen Angestellten des Berliner Zoos, einen »wackeren Wärter [...] wie er im Buche steht« – auch er wurde an seinem virtuellen Vorbild gemessen – , der, häufig auf Aufforderung des damaligen Direktors Bodinus, einem Zirkusdompteur gleich die Löwen »antreten« ließ. Er bewegte sich derart an den Außenkäfigen entlang, dass die Großkatzen »brüllend und sich emporrichtend [...] mit ihren gewaltigen Pranken aufeinander [losschlugen], jeder der Feind des anderen. Dem künstlerischen Auge«, so der Tiermaler Heinrich Leutemann, »boten sich da Gruppen, so prachtvoll in den Linien, bei schöner Beleuchtung so herrlich in der Farbenwirkung, daß es mir keine Ruhe ließ, einen solchen Moment nach besten Kräften festzuhalten.«[118]

Die Natur, nach der hier gezeichnet wurde, war freilich niemals das tatsächlich Äußere, nie die entfernte Wildnis, sondern die Buchnatur. Der Maler fungierte dabei als Medium zwischen dem zur Authentizität dres-

Abb. 8: Dressierte Authentizität, »nach der Natur« gemalt. Löwen im Berliner Zoo.

sierten Tier und seiner papierenen Repräsentation »nach der Natur«. Der Künstler und seine spezielle Methode waren es, die die Natur ins Spiel brachten, denn er verfügte – anders als das Tier selbst – über die entscheidenden Techniken und Wissensbestände, die dafür nötig waren.

Vögel waren – nicht zuletzt aufgrund dem ihnen zugeschriebenen Mangel an ›Persönlichkeit‹ – besonders oft Gegenstand ärgerlicher Verwechslungen, entzogen sie sich doch allzu oft Logiken der Zuordenbarkeit: »Hier fallen die komischsten Verwechslungen vor. Wie überall, so ist nämlich auch [an der Volière] der Name der gerade vorhandenen Thiere auf einzelnen Täfelchen verzeichnet. Da nun Pelikan, Reiher, Kranich, schwarzer Schwan, weiße und schwarze Störche, Bernickel- und andere Gänse bunt durcheinander laufen, so steht z.B. manchmal der schwarze Schwan gerade neben der Tafel, welche den Kranich nennt, der Pelikan in der Nähe der ihn als Storch bezeichnenden Tafel. Sicher kann man alsdann sein, daß, wenn eine Gesellschaft Besucher sich naht, deren Mitglieder Laien in der Zoologie sind, und zwar mehr Laien als erlaubt ist, daß dann der Schwan sofort als Kranich freudig begrüßt wird. Kommt nun freilich einer der wirklichen Störche zum Vorschein, so erkennt man wohl seinen Irrthum, aber selten dürfte hier eine Gesellschaft ganz aufgeklärt weiter ziehen.«[119]

Die *Gartenlaube* brachte die Paradoxie des Zoos als Ort, an dem die Suche nach der Natur im bildungsbürgerlichen Wandschrank endet, auf den Punkt: Der »ungeheure Reiz« des Zoos läge für den »Naturfreund« darin, Materialisierungen der idealen Natur vor Augen geführt zu bekommen, »[d]iese fremdartigen Thiere, die uns bereits in der Schule als grell colorirte Abbildungen in irgend einem Naturgeschichtsbuche entzückt und mit Sehnsucht nach ihrem wirklichen Anblick erfüllt haben, nun als Originale vor uns zu sehen«[120]. Im Zoo sähe der zoologisch Interessierte »ein Naturkundebuch aufgeschlagen, in welchem man umherwandelnd liest«[121]. Wenn schließlich das papiere Bestiarium auf wundersame Art und Weise zum Leben gelangte, könnten Kinder endlich »das Urbild ihres Buchelephanten erblicken«[122].

Tatsächlich wurden die Besucher, vor allem das jugendliche Publikum, dazu angehalten, im Zoo die Verschiebungen und Kongruenzen zwischen Lebendem und Abgebildetem, zwischen Buchtier und Zootier selbst zu erkunden. Von dünnen Heftchen bis hin zu umfangreichen Bildbänden stand eine Vielzahl von Texten zur Verfügung, die entweder daheim zur Vorbereitung durchgenommen werden sollten oder zur Mitnahme in den Garten bestimmt waren und die Wanderungen und Spaziergänge durch den Tiergarten anleiteten. »Naturgetreue Abbildungen der Thiergruppen« oder – später – photographische »Augenblicksaufnahmen aus dem lebenden Tierbestande« gaben dem Zoobesucher die Vorlagen zur ›richtigen‹

Wahrnehmung direkt an die Hand, während Zeichenanleitungen (»Wir zeichnen im Zoo«) Kinder in die Erfassung idealer Tierkörper einübten.[123]

Die Schriftstellerin Dora Duncker nahm, den bourgeoisen zoologischen Wissensdiskurs persiflierend, in einem ihrer Texte eine ironische Nacherzählung der bürgerlichen Erwartungshalten, der Differenzen von Ur-Bild und Ab-Bild und den daraus resultierenden Irritationen vor: »Besonders gebildete und überweise Besucher des Gartens« seien über das Betragen eines Eisbären im Berliner Zoo an einem heißen Sommertag, an dem sich das Tier nicht im Wasserbecken, sondern an einem Schattenplatz an Land aufhielt, »förmlich empört« gewesen. »Ihren naturgeschichtlichen Kenntnissen gemäß hat das Thier die moralische Verpflichtung, unausgesetzt zwischen den Eisschollen seines Bassins herumzutauchen.«[124] In der Tat propagierte das Konzept des bürgerlichen Zoos nicht nur die sittliche Bildung seiner Besucher, sondern verlangte diese auch von seinen tierischen Bewohnern. Die Initiatoren, Gesellschafter und zoologischen Popularisatoren gerieten damit zum verspotteten Zerrbild eines städtischen Bildungsbürgertums, dessen Kategorien sich in paradoxer Art und Weise vertauscht hatten, das Natur im heimischen Bücherregal fand und auf der Suche nach kulturellen Vergnügungen zum Zoo pilgerte.

Galt schon die Überschreitung ihrer jeweils eigenen Bildergrenzen durch die Tiere als Regelübertretung, überrascht es nicht, dass bei weitreichenderen Vergehen entsprechend strenge Konsequenzen gefordert wurden, wobei Gesetze ebenso wie Vorstellungen von Gerechtigkeit, Reue und Moral problem- und unterschiedslos von der menschlichen auf die tierische Gesellschaft übertragen wurden. Die Flucht des »Schönbrunner Peter« im Sommer 1899, eines nicht zuletzt aufgrund dieses Vorfalles zu einiger Berühmtheit gelangten Orang Utans, wurde medial groß aufbereitet und lässt eine Nachzeichnung beinahe typischer Verkaufslinien des öffentlichen Interesses an Zootieren und der Dialektiken zwischen Freiheitsfantasien und Schaulust, zwischen dem Verlangen nach Erfüllung der tierischen Vorbildfunktion und der Lust an spektakulären Transgressionen der (materiellen) Grenzen zwischen Tier und Mensch zu.[125] Kaum eine Tageszeitung, die auf einen ausführlichen Bericht über die erfolgreiche Flucht des vier Wochen vorher mit viel Enthusiasmus empfangenen Orang Utans verzichtet hätte. Zwei Tage lang, von 28. bis 30. Juli 1899, hielt sich der Affe im Schönbrunner Schlosspark auf, während Tierwärter vor einer durch die Zeitungsberichte angelockten vieltausendköpfigen Menschenmenge zunächst vergeblich versuchten, das Tier wieder einzufangen.

Noch Anfang Juli, bei seiner Ankunft in Schönbrunn, wurde der Affe als »sehr liebes und ›zuthätiges‹ Tier« beschrieben, das »augenscheinlich seine

Freude hat, wenn die Leute an seinen Käfig kommen und ihn angaffen«[126], das sich also tatsächlich als ideales (Tiergarten-)Tier erwies. Nur wenige Tage später brach der Affe jedoch aus seinem Gehege und damit auch aus den Grenzen der Inszenierung bürgerlichen Privatlebens aus, in die er von Anfang an eingebunden war: Jeden Nachmittag holte der Wärter Peter zum Spaziergang (mit Spazierstock) ab, danach gab es Kaffee, an speziellen Tagen durfte sich der Affe einen Cognac genehmigen. Durch seinen Haltungsstil und die Verleihung eines Namens individualisiert, bewegten sich auch die Zeitungsberichte über Peters Flucht, der nur wenige Wochen nach seiner Ankunft aus seinem Gehege ausriss, »um hoch in den Kronen der Bäume die Erinnerung an ehedem, da ihn seine vierhändigen Verwandten liebevoll umgaben und er im Kreise der Seinen mit Cocosnüssen Fußball spielte, zu genießen«[127], durchwegs auf menschlichem Terrain.

Wie Paulus Ebner feststellte, erinnern die Beschreibungen an Gefängnisfluchtgeschichten, wobei die Sympathien der Stadtbevölkerung eindeutig bei dem wagemutigen Ausbrecher lagen.[128] Das Interesse an der ›menschlichen‹ Seite der Story ging so weit, dass die detailreichen Schilderungen zum persönlichen Befinden des Tiers tagelang die Zeitungen füllten und die Bevölkerung auf den Beinen hielten. »Das Publikum wandte dem durchgegangenen ›Peter‹ gestern lebhafteste Aufmerksamkeit zu und beobachtete sein Verhalten durch Operngucker und Ferngläser bis zum Abend. ›Peter‹ aber trotzte weiter«[129], wusste die *Österreichische Volks-Zeitung* am 30. Juli zu berichten. Mit dem Ausmaß der Berichterstattung wuchs auch die Besucherzahl des Tiergartens; Sonntag Früh wurde der Affe, der mit Fackeln, Leitern und Stöcken gejagt worden war, schließlich eingefangen. Dieser Umstand rief bei der am selben Tag herbeiströmenden und noch nicht darüber informierten Besuchermasse »vielfach lebhafte Enttäuschung hervor«[130]. Die Ordnungsmacht hatte ihre Funktion erfolgreich ausgeübt, die Disziplin war wieder hergestellt – aus der bürgerlichen Idylle auszubrechen mochte, dafür hatte man Verständnis, von Zeit zu Zeit verführerisch scheinen, erlaubt war es jedoch nicht.

Drastischere Fälle waren die, in denen ein Tier nicht nur die materiellen Grenzen zwischen Natur und Kultur überschritt und damit seine distanzierte Vorbildposition verließ, sondern das abgemachte Verhältnis von Tier und Mensch auf radikalere Weise in Frage stellte. Die mediale Berichterstattung über einen Todesfall im Berliner Zoo, hervorgerufen durch einen Elefanten, der seinen Wärter zertrampelt hatte, zeigt die Unsicherheiten im Umgang mit solchen Vorfällen, die nicht zuletzt durch die ständig wechselnden Zuschreibungen an die Tiere zwischen Wildheit und Zahmheit, zwischen spektakulärer »reißender Bestie« und verständigem moralischen Vorbild bedingt waren.

Über den Unfall im Februar 1867 berichtete die *Gartenlaube*, dass »der mit dem Thiere wohlbekannte Wärter, der sich zum Reinigen des Stalles zu dem Thiere begeben hatte, [...] todt am Boden liegend aufgefunden [wurde]«[131]. Das Tier hatte damit eindeutig eine nach menschlichen Maßstäben massive Regelverletzung begangen, die, was den Fall noch schwerwiegender machte, nicht nachvollziehbar erschien. Der Angriff des Tieres auf seinen Pfleger wurde nicht als Verteidigung des eigenen Territoriums oder Ausdruck von Rangkämpfen klassifiziert, sondern als bösartige Handlung, die nichts anderes zuließ als die Forderung, die Tiere zur Verantwortung zu ziehen und durch Tötung zu bestrafen – ein im Übrigen traditionsreiches Argument, das bis auf die frühneuzeitlichen Gerichtsverfahren verweist, in denen Tiere wegen Tötung oder Verletzung von Menschen der Prozess gemacht wurde, der häufig mit dem Spruch eines Todesurteils endete. Dementsprechend wurde auch das Verhalten des Elefanten nach der Tat in der *Gartenlaube* als eigentliches Skandalum beschrieben: Der Wärter lag tot am Boden, »während der Elephant ruhig wiegend an seinem Gitter stand, als ob nicht passiert sei«.[132] Noch 1878 erinnerte sich Phillip Leopold Martin an das Tier als »de[n] berüchtigte[n] Mörder seines Wärters in früherer Zeit«[133]. Mehr fast als der »Mord« selbst wurde dem Tier die danach an den Tag gelegte Gelassenheit zum Vorwurf gemacht, die dessen »Kaltblütigkeit« zur Gänze offenbarte. Auch in der Schönbrunner Menagerie hatte sich ein ähnlicher »sehr trauriger Fall« ereignet, in dem ein Bär seinem Wärter, »welcher ihm«, während dieser ihm »seine Nahrung brachte [...], einen Arm ab[biss], und [...] ihm das Gesicht auf die grausamste Weise [zerfleischte]. Der Unglückliche starb bald darauf.« Der Bär sei allerdings »von Spaziergängern früher durch Neckereien gereizt«[134] worden, ein Umstand, der das Verhalten des Tieres zu rechtfertigen vermochte. In einer Gesellschaft, in der die eigene Ehre im Duell verteidigt werden konnte, schien die Tat des herausgeforderten Bären, der stellvertretend seinen Pfleger tödlich verletzt hatte, dem bürgerlichen Ehrgefühl zu entsprechen.

Es nimmt nicht Wunder, dass so viel Empathie seitens der bürgerlichen Gesellschaft für die von ihr vorgestellten Tiere auch ironische Kommentare und subversive Lesarten der Institution Zoo provozierte. Wurden Bären, Affen und Tiger in den populären Naturkundeblättern als Bewohner einer »Tierstadt« gezeichnet, die explizit als Vorlage und Referenzort dienen sollte, bot der Vergleich der beiden Gesellschaften auch Anlass zu massiver Sozialkritik. Vor allem die Beschreibungen des Lebensraumes der Tiere machten die teils katastrophale Wohnsituation Tausender in den Großstädten des 19. Jahrhunderts deutlich. Bereits 1813 schrieb der »Eipeldauer«, eine literarische Kunstfigur in Gestalt eines Bauernburschen aus Eipeldau, dem heutigen 21. Wiener Gemeindebezirk, die der Autor Joseph Richter Besuche in die Stadt unternehmen und auf polemische Art und Weise in Briefform über das Wiener Leben sinnieren ließ, über Tierschaustellungen in Wien. Im Gegensatz zu jenen, die sich in der Innenstadt, etwa auf der Jägerzeile befanden, wo »Tieger und Affen und andre Thier [...] so eng einloschirt [sind], wie d'Einwohner in unsern neubauten Häusern, und der Löw muß sogar sein Schlepp aufhebn, wenn er sich umdrahn will«, sei »das schönste [...] in der Manegerie«, »daß ein jed's Thier sein eigene ordentliche Logirung von ein Paar Zimmern gratis hat – so daß z'Wien manche ehrliche Leut um's theure Geld kein so schön's Quartier haben«.[135]

Der Text war nicht der einzige, der tierisches Leben in der Menagerie mit menschlichen Lebensverhältnissen in der Stadt verglich und dabei nachdrücklich Kritik übte. 1833 schrieb Willibald Alexis nach einem Besuch des Schönbrunner Tiergartens: »Ein wildes Tier kann kein bequemeres, anmutigeres Leben führen, es sind alles Sinekuristen, denen niemand ihren Posten beneidet, ob doch mancher Bürger in Wien nicht so anmutig wohnt wie die Bären unterm Grün des Hofes, an einer plätschernden Fontäne, mit Erlaubnis, zu spielen, zu essen, zu trinken und zu baden, soviel ihnen beliebt.«[136] Die Ausstattung großbürgerlicher Wohnungen wurde zum Maßstab tierischen Wohlbefindens und war nicht zuletzt Grund dafür, dass die emphatisch geforderte Identifikation mit und Spiegelung in den Tieren für das breite Publikum häufig nicht funktionieren wollte, schienen sich deren Lebensbedingungen in einer städtischen Gesellschaft, in der bei weitem nicht jeder Zugang zu ausreichend Lebensmitteln, Wohnraum oder Hygieneversorgung hatte, doch für derartige Vergleiche häufig nur schlecht zu eignen. Nachdem die Schönbrunner Menagerie 1840 der Polito'schen Privatmenagerie einen großen Teil des Tierbestandes abgekauft hatte, berichteten die Zeitungen ironisch, dass die Tiere »aus ihren stinkenden, hölzernen Kajüten in herrliche Zwinger« übersiedelt worden seien, »ein Jedes erhält seine eigene romantische Villa inmitten eines reizenden Gärtchens, seinen Salon, sein Speisezimmer, sein Schlafkabinett, sein Boudoir, seine Bibliothek, sein Antichambre; kurz, es ergehet hier manchem Affen so himmlisch, wie es nur einem Affen gehen kann, den die launige Glücksgöttin aus dem Sumpfe der Alltäglichkeit plötzlich emporhebt zum Paradiese irdischen Reichthums«.[137]

In Berlin argumentierte Ludwig Heck um die Jahrhundertwende ganz ähnlich, indem er die Annehmlichkeiten, die der Zoo den Tieren böte, weit über dem Lebensstandard eines großen Teils der Berliner Bevölkerung ansetzte: »Wir bieten unseren Tieren lebenslängliche Versorgung, einen Arzt, wenn sie krank sind, freie Wohnung, Schutz gegen böse Feinde, kurzum, lebenlängliche Pension und Versicherung. Wie viele Menschen haben eine so gesicherte Zukunft vor Augen?«[138] In Berlin um 1900 waren es jedenfalls nicht viele. Das Wachstum der Berliner Bevölkerung, besonders seit den Gründerjahren (alleine zwischen 1871 und 1873 waren 400.000 Menschen nach Berlin zugewandert), veränderte auch ganz wesentlich die soziale Topographie der Stadt und die Lebensbedingungen der in der Industrie Tätigen. Zwischen 1861 und 1875 stieg die Zahl der in Industrie, Gewerbe und Verkehr Beschäftigten von knapp 120.000 auf mehr als 280.000, die der Arbeiter in der Metall- und Maschinenbaubranche wuchs in derselben Zeit von 21.000 auf 33.000, die der (hauptsächlich weiblichen) Dienstboten von 32.000 auf über 76.000. Die Lebens-, insbesondere Wohnsituation all jener unselbständig Arbeitenden war mehr als trist: Berlin hatte mit durchschnittlich 57 Personen pro Grundstück die höchste Bevölkerungsdichte aller europäischen Großstädte; 1880 stieg die Zahl sogar auf über 60 Personen.[139] 1871 hatte nur jeder dritte Berliner Arbeiter eine eigene Wohnung, mehr als zwanzig Prozent aller Arbeiter waren sogenannte »Schlafburschen«, die lediglich eine Schlafstelle zur Verfügung hatten, die in Schichten mit anderen geteilt wurde. Doch auch die Wohnverhältnisse derer, die für sich und ihre Familie eine eigene Unterkunft in einer der Mietskasernen besaßen, waren nicht wesentlich besser. »Die Wohnungsfrage ist in den großen Städten eine Nothfrage geworden. Um behaglichen Ansprüchen an ein Daheim zu genügen, muß man heut ein Viertel seiner Einnahmen opfern [...]. Es gibt nach der letzten Zählung etwa 153.000 Wohnungen in der großen Stadt an der Spree. In diesen wohnen rund, ohne Militär, 675.000 Menschen, 63.000 davon in 14.300 Kellerräumen, 47.000 in 11.250 Wohnungen vier oder mehr Treppen hoch. Dies sind also wesentlich die armen Leute, die sich aber noch ›auf der Höhe‹ erhalten können. Farbenreicher wird das Bild, sobald man die Statistik über die Räumlichkeit der Wohnung befragt. Da ergibt sich, daß etwa 2.300 Wohnungen gar kein, 75.000 nur ein einziges beheizbares Zimmer haben. Fast [...] die Hälfte der Berliner Einwohner lebt in solchen Wohnungen. Rund 112.000 Menschen wohnen in 15.600 übervölkerten Räumlichkeiten, d.h. in einem beheizbaren Zimmer zu sechs, in zwei zu zehn oder mehr Personen.«[140]

Es erstaunt nicht, dass zeitgenössischen Beobachtern demgegenüber die Tierbehausungen im Zoo wie Paläste erschienen, die über sämtliche Annehmlichkeiten, von Heizung über, wie es den Anschein hatte, reichlich Platz bis hin zu prächtiger Einrichtung verfügten. Wenn Jutta Buchner davon spricht, dass sich »die Architektur des Berliner Zoos in den 1870er Jahren [...] mit ihrer auf Repräsentation ausgerichteten Wirkung in die Baupolitik der Stadt in der 2. Hälfte des 19. Jahrhunderts [einreihte]«[141], so geht es damit nicht nur um Sicht-, sondern auch um Unsichtbares, um

Dinge aus der Stadt, die im Zoo keinen Platz finden sollen. Mietskasernen und Arbeiterquartiere, in denen Menschen unter äußerst schlechten Bedingungen lebten, wurden von »Prachtstraßen mit ihren großen öffentlichen Gebäuden wie Museen, Bibliotheken, Theatern [...] verdeckt«.[142] Auch im Zoo als kommunalem Repräsentationsraum sollten angesichts der Pracht der Tierbehausungen die armseligen Lebensverhältnisse eines großen Teils der Berliner Bevölkerung unsichtbar werden, jedoch führte diese Unsichtbarmachung häufig keineswegs zu dem geplanten Vergessen der städtischen Verhältnisse, sondern hinterließ im Gegenteil eine umso auffälligere Leerstelle. Auch in diesem Sinne waren sowohl die Menagerie in Schönbrunn als auch der Berliner Zoo Traumorte und die Tierunterkünfte tatsächlich Traumhäuser für große Teile der Stadtbevölkerung. Sie stellten Projektionen eigener Wünsche und (Lebens)Vorstellungen dar, und sie thematisierten eigene Erfahrungen des täglichen Lebens in Form von Gegenbildern und exotischen Übersteigerungen. Die Darstellung tierischen Alltags gewann nur durch den Vergleich mit eigenen Lebenswelten Sinn – an den Differenzen, die sich durch diesen Vergleich auftaten, lässt sich die politische Bedeutung des Zoos möglicherweise am besten erkennen.

Wärter

Der Zoo war nicht nur für die Tiere, die sich möglichst in ihre klischierten Rollenbilder fügen sollten, Ordnungsraum. Ein strenges Regelwerk galt auch für die Wärter, die darauf zu achten hatten, die künstliche Natur der Tiere zu ermöglichen, indem sie diese gegen Störungen von außen zu schützen hatten.

Das Verbot, Trinkgeld anzunehmen, stand dabei von all den Vorschriften ganz oben auf der Liste, denn die damit verbundene Möglichkeit der Bestechung betraf direkt diese wichtigste Aufgabe der Wärter: Gegen zusätzliches Geld war das Personal häufig nur allzu gern bereit, die Tiere zu manipulieren – ein Umstand, der keinesfalls toleriert werden konnte. Nicht einmal zwei Wochen nach der Eröffnung des Berliner Zoologischen Gartens wies Lichtenstein in der *Vossischen Zeitung* darauf hin, dass »die Diener [...] von jetzt an« kein Trinkgeld mehr annehmen dürften; stattdessen sollte es »in eine neben dem Gebäude für die Affen befindliche verschlossene Büchse gesteckt werden«.[143] Auch in der Schönbrunner Menagerie war das Zustecken von Trinkgeld bzw. die Bestechung der Wärter wiederholt Thema. Erst Anfang des 20. Jahrhunderts wurde eine Regelung getroffen, die jahrzehntelange Missstände zu beseitigen versuchte: »Die Tierhäuser können nämlich jetzt Sommer wie Winter gegen ein Eintrittsgeld von 40h die Person besichtigt werden, und zwar lautet eine Eintrittskarte auf mehrere Tierhäuser zugleich. [...] Früher waren die Tierhäuser für das große Publikum verschlossen, und jeder Wärter war gewissermaßen Herr über das ihm zugewiesene Haus. Bemerkte der Wärter nun, daß dieser oder jener Besucher den Wunsch zu haben schien, das Haus zu besichtigen, so ließ er ihn in der Hoffnung auf ein gutes Trinkgeld ein. Dieser Unfug ist nun abgeschafft, und es ist dem Personal strenge verboten, vom Publikum Geschenke anzunehmen«[144], denn die Aussicht auf zusätzliches Geld hatte des Öfteren dazu geführt, dass die Wärter die Tiere auch an heißen Tagen nicht ins Freie gelassen hatten, um sich die von ihnen eigenmächtig einkassierten Trinkgelder nicht entgehen zu lassen. Das Prinzip der Eintrittsgebühren für die Tierhäuser habe jedoch nicht nur das »ernsthafte Publikum [besteuert]« und den »tierschädigenden Mob frei herein[gelassen]«[145], sondern – was weitaus schwerer wog – verhindert, dass die Tiere »nach der Natur« agierten, auch, wenn es manchmal den Anschein hatte, dass erst die Interventionen ihrer Pfleger diese tatsächlich zur Sichtbarkeit brachten. So berichtete Franz von Gaheis zu Beginn des 19. Jahrhunderts davon, dass die Wärter – im geschützten, nur ihrer Verantwortung unterliegenden Bereich im Inneren der Tierhäuser war dies eher möglich als in den einsehbaren Außengehegen – die Tiere gegen Trinkgeld so lange reizten, bis sie sich »naturgemäßer« und damit spektakulärer gebärdeten: »Der Wärter reizte eine der [Hyänen] zum Zorne; schrecklich war die Wuth und das Geschrey dieses Thieres, so es bey aufgesträubten Haaren aus dem fürchterlichen Rachen ausstieß!«[146] – und nicht nur der gängigen Vorstellung der aggressiven Hyäne entsprach, sondern auch für ein paar Extra-Münzen für den Wärter sorgte.

Fehlverhalten des Personals wog im Zoo besonders schwer, waren die Tierpfleger doch die einzigen Personen, die die materiellen Grenzen zwischen Tier und Mensch überschreiten und in ein intimes Verhältnis mit den ihnen anvertrauten Lebewesen treten durften – insofern schienen die Regeln für derartige Transgressionen immer auch moralische Bedeutung zu besitzen. Wesentliche Passagen der Wärterverträge, die für die Angestellten des Berliner Zoologischen Gartens in dessen Anfangsjahren bindend waren, verwiesen auf die besondere Mittlerposition des Pflegers. Er zeichne für »jede von ihm übersehene Beschädigung der Käfige« verantwortlich und müsse »an besuchten Tagen [...] die ihm zur Aufsicht überwiesenen Thiere fortdauernd im Auge [...] behalten, und sie vor jeder Beschädigung zu schützen bemüht sein. [...] Gegen die Besuchenden hat er sich bescheiden und höflich zu benehmen, jedoch Neckereien der Thiere und Darreichung mitgebrachten Futters zu verhüten, und von allen etwa vorkommenden Unordnungen und von Allem, was den Thieren und dem Garten nachtheilig sein könnte und zu seiner Kunde gelangt, dem Herrn Inspector sofort

Anzeige zu machen.« Weiters sei er verpflichtet, bei jedem Erscheinen vor Publikum die Livree anzulegen[147] – die Wärter waren nicht zuletzt selbst Akteure inmitten des Spektakels, Überwacher reibungsloser Inszenierungen auf der Bühne der wohlgeordneten, sittlich verfassten Natur.

Die soziale Stellung der Pfleger innerhalb des jeweiligen Systems war in Wien bzw. Berlin recht unterschiedlich: Waren in Schönbrunn am Anfang des Jahrhunderts nur sieben bis neun Personen mit den Wärteraufgaben für etwa 700–800 Tiere betraut, war ihre Zahl hundert Jahre später bereits auf über fünfzig angestiegen, die dann für rund 3.400 Tiere verantwortlich waren.[148] Neben angestellten Tierwärtern gab es bereits um 1850 Tagelöhner bzw. Leiharbeiter für saisonale Arbeiten, unter denen eine strenge Hierarchie bestand. Zwar verdienten die Tierwärter der Schönbrunner Menagerie weniger als privat angestellte Arbeiter und Angestellte außerhalb der höfischen Verwaltung und hatten überdurchschnittlich lange Arbeitszeiten zu bewältigen – meist von sechs Uhr früh bis zum Einbruch der Dunkelheit, wobei nur alle 14 Tage einmal der Ausgang gestattet war; nach Einführung von Nachtdiensten um 1900 war zusätzlich der darauf folgende Vormittag arbeitsfrei – jedoch besaßen die Schönbrunner Tierwärter Privilegien, die in anderen Berufen nicht gegeben waren und soziale Absicherung bedeuteten. Dazu zählten etwa das Recht auf Behandlung durch die Hofärzte im Krankheitsfall und die kostenlose Versorgung mit Medikamenten aus der Hofapotheke.[149] Im Falle schwerer Krankheiten und Verletzungen (vor allem TBC bzw. Knochenbrüche waren die am häufigsten zu behandelnden Erkrankungen) wurden den Pflegern Kuraufenthalte ermöglicht. Weiters hatten sie das Recht auf Pensionierung bei Dienstunfähigkeit durch Arbeitsunfälle und genossen den »Schutz des Allerhöchsten Hofes«.[150]

In Berlin stellte sich die Situation anders dar, wobei gerade über die Anfangszeit des Zoos wenig bekannt ist. In seinen *Flüchtigen Notizen* schreibt Heinrich Lattorf 1846, dass er den Ertrag aus dem Verkauf seiner Texte einer »Wärter-Kranken-und Unterstützungskasse«, für deren Einrichtung er in der Vorbemerkung plädierte, zukommen lassen werde. Aus seinen Aufzeichnungen geht hervor, dass bis dato ein Pfleger, der von den »reißenden Tieren [...], oder auch selbst in anderweitige[m] Dienst, in dem Grade beschädigt würde, daß derselbe auf längere Zeit arbeitsunfähig gemacht, seine Entlassung erhalten müßte«. Im Falle einer »längeren Krankheitsperiode« wäre er gezwungen, seinen Posten aufzugeben, wodurch er, nun »ohne Mittel dastehend [...], in Noth« käme. Die Verwaltung hätte dann die »moralische Pflicht, [...] helfend und unterstützend einzuschreiten«[151], denn immerhin handelte es sich bei den von ihr angestellten Wärtern um Personen, die selbst als moralische Instanzen im Zoo tätig sein sollten, die die wahre Natur der Tiere zu kennen, etwaige

Abweichungen – seitens der Tiere selbst oder verursacht durch böswillige Handlungen der Besucher – zu korrigieren und die natürliche Ordnung wieder einzurichten hatten.

Besucher

Am Ende des 19. Jahrhundert besuchten oft zehntausende von Menschen an einem Wochenende den Berliner Zoo oder den Schönbrunner Tiergarten. Die enormen Besucherzahlen waren das Resultat einer Entwicklung, die in der Mitte des Jahrhunderts ihren Anfang nahm und schließlich dazu führte, dass Zoologische Gärten um 1900 zu den wichtigsten Vergnügungsorten der Stadt zählten. Was sahen all diese Menschen dort, was – und vor allem wie – *sollten* sie sehen und auf welche Art und Weise wurde versucht, ihre Erlebnisse im Zoo zu choreographieren und zu einer kollektiven Erfahrung werden zu lassen? In welcher Hinsicht war der Zoo Ordnungsraum für das Publikum, und wie wurde versucht, den idealen Besucher zu konstituieren?

Nur wenige Wochen vor der Eröffnung des Berliner Zoologischen Gartens wurde in den *Berlinischen Nachrichten* verlautbart, »daß [...] die zur Erhaltung der Ordnung getroffenen Einrichtungen in den nächsten Tagen bekannt gemacht werden sollen«[152] – mit seiner Gründung musste der Zoo auch als normativer Raum konstituiert werden. Die beiden großen Bereiche, um die fast sämtliche dieser Ordnungseinrichtungen im Zoo kreisten, betrafen zum einen die Beziehungen zwischen Mensch und Tier, zum anderen die Wahrnehmung des räumlichen Ensembles.

1841 starb in Schönbrunn ein Adler an einer Stichwunde, die er »ohngeachtet des Drahtgitters vor dem Käfige höchstwahrscheinlich durch einen Spatzierstock erhalten haben mag«.[153] 1899 berichteten die Menagerie-Akten von einem Vorfall, wonach ein betrunkener Besucher eine Schachtel Zündhölzer in den Bärenkäfig geworfen haben soll, das Tier sei dabei aber nicht zu Schaden gekommen[154]; und 1903 wurde ein gewisser Alfred Morgenstern »wegen Zuwerfens von Bruchteilen eines Spiegels in den Affenkäfig«[155] sogar der Polizei übergeben. Bemerkenswert ist ein Artikel der *Neuen Freien Presse* über den damals neuen Pratertiergarten aus 1893, der die offenbar unterschiedlichen Praktiken und Regelungen im Umgang mit den Tieren in Gärten, die auf Eintrittsgelder angewiesen waren, und einer Institution wie dem Tiergarten Schönbrunn, die aus Gründen der finanziellen Unabhängigkeit in dieser Hinsicht weit weniger liberal war, erwähnt: Es läge »in der Natur der Sache«, heißt es dort, »dem Publicum, um es anzuziehen, manche Freiheit im Verkehre mit den Thieren einzuräumen«.[156]

Der zweite, größere Bereich, über dessen Einhaltung weitaus mehr Regeln existierten – deren Übertretung allerdings auch weitaus weniger, wenn überhaupt, sanktioniert wurde –, ist derjenige, der Körperlichkeit im kulturellen Terrain Tiergarten normierte. Bestimmte Choreographien des Gehens und Sehens, intendierte Verhaltensformen und Handlungserfahrungen sind ebenso Teil des umfassenden »cultural package«[157], das die Besucher im Tiergarten konsumieren, wie die Bilder der Tiere, die in diesen choreographierten Handlungs- und Erfahrungsraum eingebunden sind. Das Gelände, das als Tiergarten, Menagerie oder Zoo adressiert ist und einen streng eingegrenzten Bereich meint, ist zusätzlich erfasst in einer imaginierten Kartographie, die die Kategorien ›Natur‹ und ›Kultur‹ einzelnen Teilen und Zonen des Raumes zuweist – kann und darf im Zoo doch nicht gestattet werden, »die konzeptionellen Kategorien zu verletzen, zu viel sowohl von Natur als auch von Kultur gleichzeitig zu bezeichnen, da dies den Text für radikale und oppositionelle Bedeutungen öffnen würde«[158]. Umfangreiche Anstrengungen wurden unternommen, um die vorgesehene Ordnung der Dinge zu bewahren, den Besuchern unzählige Vorschriften, Regeln und Anweisungen an die Hand gegeben.

Die Vielzahl der Regelungen und Maßnahmen zur kontrollierten Fortbewegung der Besucher war zunächst eine logistische Notwendigkeit – für bis zu 100.000 Besucher, die etwa den Berliner Zoo an manchen Tagen frequentierten, mussten buchstäblich Wege gefunden werden, die einen weitgehend reibungslosen Ablauf sicherstellten. Im Gegensatz zum Stadtraum, der trotz vielfältigster Generalbebauungspläne stets komplex und ungeordnet wirkt, scheint sich der Landschaftsraum des Gartens der Logik seines Entwurfs, der Befehle seiner Straßen und Wege, Sichtachsen und Bebauungen, kurz: der Befehle seiner geordneten Materialität zu fügen. Zeitgenössische Stimmen – nicht nur die der Experten, sondern auch die »zahlreiche[r] Sonntagsbesucher« – bedauerten die verpasste Gelegenheit des Entwurfs eines solchen im Zuge der großen Umbauphase ab 1869 im Berliner Zoologischen Garten – »ein Mangel, der sich später umso empfindlicher bemerkbar machte, je mehr der Besuch des Gartens zunahm. Es wurde zu jener Zeit namentlich auf den vorhandenen Baumwuchs große Rücksicht genommen, weniger auf den Verkehr und das Zurechtfinden der schaulustigen Menge.«[159] Dazu kam, »dass Lenné seine Gartenanlage nur auf einen Eingang von der Lichtenstein-Brücke her geschaffen hatte und dass, als später zwei neue Eingänge als nothwendig sich erwiesen, die große Systemlosigkeit und die mangelnde Uebersichtlichkeit umso mehr noch empfunden wurden. [...] In dieser Unuebersichtlichkeit bildeten die großartigen Neubauten, die nunmehr in kurzer Folge [...] entstanden, willkommene Orientierungspunkte.«[160] Das Merkmal der Übersichtlichkeit wurde weniger als architektonische Kategorie bedeutsam, als vielmehr als wichtige Grundlage der Kulturtechnik des an einen Plan erinnernden Gehens und Sehens.

Neben Schildern im Garten waren es hauptsächlich Angaben in den Zooführern, die den Besuchern bestimmte Gehwege zuwiesen. Diese Bücher und Hefte spielten eine zentrale Rolle bei der Belehrung des Publikums bzw. bei der Sicherstellung der ›richtigen‹ Geh- und Sehpraktiken der Besucher. Sie fungierten als wichtige Leitfäden und entwickelten eine sehr spezifische Kultur von Anweisungen und Regeln, die die Besucher im Sinne der intendierten Choreographie des Tiergartens dirigieren sollten.[161] 1878 bemerkte Martin, dass »[e]in gedruckter Führer [...] ebenso notwendig zu einem geordneten Thiergarten [gehört], wie ein Theaterzettel zu der jeweiligen Vorstellung, ohne welchen der Genuss nur ein halber ist«.[162] Angesprochen waren damit nicht nur typische bildungsbürgerliche Ideale, die Freizeit immer auch mit persönlicher Weiterbildung und Belehrung verbanden, sondern auch die Bedeutung des Zoos als performativem Raum. Wie im Theater ohne die Informationen des Theaterzettels »der Genuss nur ein halber« sei, sahen bürgerliche Vorstellungen auch nicht einfach nur »planloses« Spazieren im Zoo vor, sondern ein Erlebnis von Natur und frischer Luft, das jedenfalls auch intellektuellen und moralischen Anspruch hatte. Inszeniert wurde dabei nichts weniger als die Natur selbst, und unterschiedliche Akteure wurden dazu angehalten, ihre Rollen darin in möglichst geordneter Art und Weise auszufüllen.

Vielerorts wurden jeweils aktualisierte Führer jährlich publiziert und besaßen als »unentbehrliche Leitfäden für alle Besucher des Zoologischen Gartens«[163] entscheidende Bedeutung. Verkaufszahlen sind für Berlin nicht überliefert, jedoch deuten die jährlich aktualisierten Neuauflagen auf eine hohe Verbreitung der Heftchen hin. Seit 1849 war dem Führer durch den Berliner Zoo eine Karte des Gartens beigefügt, in dem Nummern eingezeichnet waren, die nicht nur mit den schriftlichen Erklärungen im Heft korrespondierten, sondern auch mit den im Garten selbst angebrachten Zahlen, der damit zum begehbaren Plan wurde. Die Besucher mussten sich anhand der »aufgehängten Nummern [...] in langen Gängen zurecht finden«[164]. Je nachdem, von welcher Seite man den Garten betrat, wurden unterschiedliche Routenvorschläge beigefügt, die die Besucher durch das Ensemble dirigierten: »Der Besucher, welcher den Garten vom Thiergarten aus betritt, beginnt die Besichtigung bei Nr. 1, der, welcher vom Kurfürstendamm kommt, bei Nr. 6 und der von der Stadtbahn kommende bei Nr. 32. Folgt er dann der punktirten starken Linie bis zu dem Punkte, von wo er ausgegangen ist, so hat er seinen Zweck voll und ganz erreicht.«[165] Die ›Vorschläge‹ in den Führern, die eher den Charakter von Anweisungen hatten, beschränkten sich nicht darauf, »die Richtung an[zugeben], in welcher [der Besucher] die aufeinander folgenden Thierbehausungen zu suchen hat«[166], sondern machten auch exakte Angaben über die Wege, die der Einzelne dazwischen wählen sollte: »Hier achte genau auf den Weg. Um nach Nr. 21 zu gelangen, biege um das vorspringende Gebüsch herum und schlage den Weg nach links ein. Man macht dann vor Nr. 22 und 23 vorüber die halbe Runde um den grossen hügeligen Rasenplatz. [...] Es wird hier nicht der links zur Brücke führende, sondern der von der Vorderfront aus rechts gehende Weg eingeschlagen.«[167]

Unzählige Angaben fixierten Routen durch das Terrain, um eine planmäßige Rezeption der Inszenierung zu gewährleisten und um »unnützes Hin- und Herlaufen«[168] der Besucher zu vermeiden: »Zur Orientierung!« für die Besucher stellt der Führer von 1903 einen imperativisch formulierten Vorschlag zur Besichtigung des Gartens zur Verfügung: »Die Wanderung beginnt bei dem Pferdehause hinter der großen Restauration und dem Konzertplatz. Siehe auf dem Plan äußerste Ecke rechts! Sie folgt dem großen, auf dem Plan schwarz-weiß markierten, mosaikgepflasterten Rundweg, in dessen Nähe alle wichtigen Tierhäuser liegen. Man kehre immer wieder zum Rundweg zurück, wenn man ihn verlassen hat; so wird man die richtige Reihenfolge einhalten.«[169] Dieser »ungefähr parallel zu den Grenzen des Gartens verlaufende« Rundweg wurde um 1900 angelegt; durch die »Art seiner Befestigung« wurde er »leicht erkennbar gemacht« und sollte »gewissermassen einen Leitfaden«[170] darstellen. Man beschränkte sich also nicht nur auf die gedruckten Führer als Wegweiser,

Abb. 9: Richtiges Sehen durch richtiges Gehen. Rundweg durch den Berliner Zoo, 1900.

sondern verankerte darüber hinaus auch im Terrain selbst Hinweise auf die jeweils ideal gedachte Art der Fortbewegung, machte also den Raum selbst zum Anweisungstext.

Der offizielle Führer durch den Garten von 1864 mahnte die Besucher, »überall den im Garten angebrachten Wegweisern [zu folgen], und zwar in der Richtung der darauf befindlichen Pfeilspitzen«[171] – nicht, ohne »[b]eim Eintritt in den Garten den Besucher darauf aufmerksam« gemacht zu haben, »daß, so umfangreich derselbe ist, der Beschauer doch nicht ermüdet, weil die mannichfaltigsten landschaftlichen Abwechslungen das Auge beschäftigt«[172]. Auch die Sinne wurden einer Kontrolle unterzogen, auch sie der Disziplinierung unterworfen, ging es doch nicht nur um bestimmte Gehtechniken, die die intendierte Rezeption des Gartens gewährleisten sollten, sondern auch um die Überwachung kleinteiligerer Formen von Aufmerksamkeit: »Sogleich fesselt uns die geradeaus den vorderen Theil des Gartens durchschneidende schöne Tannenallee. In derselben nehmen die alternirend aufgestellten gußeisernen Ständer die Aufmerksamkeit in Anspruch.«[173] Die Semantik der Sinneskontrolle duldete keinen Widerspruch: »Links davon bemerken wir«[174] – auch wenn wir es nicht bemerken wollen. Der Zoo verlangt gespannte Sinne.

Seit dem Jahr 1872 fanden sich neben der üblichen »kurzen Beschreibung« der im Zoologischen Garten zur Schau gestellten Tiere in den Führern Beschreibungen der »Sehenswürdigkeiten von Berlin, Potsdam und Charlottenburg«. Diese Entwicklung zeigt, nachdem Berlin zur Reichshauptstadt geworden war, nun auch die Entwicklung des Zoos zu einer tatsächlich großstädtischen Vergnügung an. Erstmals wurden direkte Beziehungen zwischen dem Garten und der Stadt geschaffen, der Zoo ist damit nicht länger autonomer Raum, sondern wird in seinem urbanen Kontext betrachtet. Doch bereits bei der Eröffnung des Gartens erwiesen sich die Schnittstellen zwischen dem Garten und seiner Außenwelt als besonders prekäre Übergänge: Am Eröffnungstag des Zoos sah sich ein gewisser Herr Maaß genötigt, eine Anzeige in der *Vossischen Zeitung* zu schalten, die deutlich machte, wie sehr die Netze des Gartens auch auf Bereiche außerhalb ausgriffen. Offenbar fürchtete er, dass sich Besucher des Zoos Teile seines Grundstückes bemächtigen würden, um darüber in den Garten zu gelangen und sah sich gezwungen, klar zu stellen, »daß der Durchgang durch mein Grundstück Albrechtshof nach jenem Garten Niemandem gestattet ist. Nur dem Publikum, welches mein Etablissement als Gast beehrt, ist der Durchgang freundlichst erlaubt«.[175] Die Macht, Wege zu definieren, wird hier auch zu einem ökonomischen Faktor.

Im Schönbrunner Tiergarten existierte bis 1875 kein Führer, was durch die weitgehend fehlende Publikumsorientierung, möglicherweise auch durch die spezifische Qualität des barocken Ensembles, sich als Raum gleichsam selbst zu erklären, begründet werden kann. Die impliziten räumlichen Vorschreibungen waren durch die strenge Geometrie der Anlage in Schönbrunn ungleich intensiver als in Berlin; während dort die konzeptionelle Grundlage in der permanenten Erinnerbarkeit des Gesamtplanes lag, war im Berliner Zoo, auch bedingt durch die wesentlich größere Ausdehnung des Gartens – der Berliner Zoo maß ca. 25 ha im Vergleich zur damals etwa 7 ha großen Schönbrunner Menagerie –, die Frage nach Orientierung ungleich dringlicher. Zwar publizierte Joseph Fitzinger 1875 ein Heft über *Die Kaiserliche Menagerie Schönbrunn. Eine populäre Schilderung sämmtlicher Thiere derselben*, es finden sich in den Quellen jedoch keinerlei Hinweise darauf, dass das Werk in der Menagerie zum Kauf angeboten wurde. Sein Büchlein stellte Fitzinger explizit in die Tradition all jener »besondere[n] gedruckte[n] Schriften«, die mittlerweile in »fast in allen europäischen zoologischen Gärten [...] dem Besucher zugleich als Leitfaden oder Führer durch dieselben dienen sollen«. Da durch derartige Publikationen überall »für die Belehrung des Volkes gesorgt ist, die kaiserliche Menagerie zu Schönbrunn aber bis jetzt noch immer eines solchen entbehrt, so habe ich einer diesbezüglichen an mich ergangenen Aufforderung, diesem Mangel abzuhelfen, mit Vergnügen durch Verfassung des vorliegenden Büchleins entsprochen«.[176] Von wem diese Aufforderung ergangen war, sagt Fitzinger nicht; offenbar kam sie aber von der Menagerieinspektion in Absprache mit dem Obersthofmeisteramt. Trotz der Intention, nach dem Vorbild anderer zeitgenössischer Zooführer einen solchen nun auch für die Schönbrunner Menagerie zu etablieren, sind die darin propagierten Wege durch den Tiergarten im Vergleich zu den exakten Anweisungen in den Berliner Führern nur vage skizziert: »Um sämtliche in der Menagerie befindlichen Thiere besichtigen zu können und nichts dabei zu übersehen, dürfte es am zweckmässigsten erscheinen, den Weg durch den Haupteingang zu nehmen und denselben von der Rechten zur Linken in der Weise zu verfolgen, wie sich die einzelnen Räumlichkeiten aneinander reihen.«[177]

Hartnäckigere Versuche, die Kultur der Zooführer nach Wien zu bringen, unternahm Friedrich Knauer. Von ihm verfasste Heftchen dieser Art über die Schönbrunner Menagerie wurden 1879, 1898 und 1903 publiziert. 1893 äußerte er – wohl auch bedingt durch die Enttäuschung, dass sein erster Führer von 1879 in der Menagerie vermutlich nicht verkauft wurde – in seiner programmatischen Schrift *Zur Gründung des neuen Wiener Thiergartens* (im Prater) sein Bedauern, »[d]aß so viele Thiergärten die Ausgabe eines billigen [...] Kataloges scheuen, [...] sowohl im Hinblick auf die dadurch unterbleibende Belehrung des unkundigen Besuchers, als auch deshalb [...], weil gerade die Publication solcher naturgeschichtlicher Gelegenheitsschriften für den regen Besuch solcher Anstalten am nachhaltigsten zu wirken im Stande ist«.[178] Knauers Kritik war hier wohl auch subtiler Angriff auf die Menagerie, zu der sein Verhältnis äußerst zwiespältig war.[179]

Mit seinem zweiten Versuch dürfte Knauer, der seine Führer durch die Menagerie immer im Selbstverlag herausgab, mehr Erfolg, wenn auch nicht unbedingt in quantitativer Hinsicht, gehabt haben, wobei die Quellen darüber teilweise bruchstückhaft sind: So existiert beispielsweise ein Brief von Knauer an Kraus vom 6.6.1899, der ein Begleitschreiben zur Zusendung von fünfzig Führern zu 0,30 Gulden und zehn Führern zu 0,50 Gulden enthält. Zwei Jahre später, am 13.5.1901, ersuchte Knauer ein zweites Mal um Verkaufserlaubnis seines Menagerieführers (*Belehrender Führer für den Besucher des Schlosses, des Parkes, der Menagerie, des botanischen Gartens und der übrigen Anlagen*) durch das Menageriepersonal. Er sollte, wie auch schon die vorhergehende Version, inklusive »Lichtdruckbildern« 0,50 Gulden, ohne 0,30 Gulden kosten und »demnächst in allen Buchhandlungen zur Auflage« kommen.[180] Am 16.5.1901 wurde Knauer der Verkauf des Führers vom Obersthofmeisteramt bis auf Widerruf gestattet, wobei für allfällige »Unzukömmlichkeiten«[181] aus dem Verkauf desselben von dessen Seite die Menagerie-Inspektion verantwortlich gemacht würde. Angaben über tatsächlich verkaufte Exemplare liefert erst ein Schreiben vom Februar 1906, das eine Abrechnung für die Jahre seit 1899 beinhaltet mit dem Hinweis, dass die Nachfrage mittlerweile nur noch sehr gering sei. Von den im Juni 1899 übernommenen insgesamt sechzig Führern (fünfzig billigere ohne Bilder, zehn teure à 0,50 Gulden mit Bildern) verblieben 44 Führer zu 0,60 und fünf Führer zu einem Kreuzer (offenbar wurden sie zu diesen Beträgen, nicht zu den vorher veranschlagten 0,30 bzw. 0,50 Gulden verkauft), von denen wiederum bis 4.5.1903 zwei bzw. ein Stück verkauft wurden; die verbliebenen Exemplare, 42 Führer zu 0,60 und 4 Führer zu einem Kreuzer, seien anschließend an Knauer retourniert worden. Die Zahlen machen deutlich, dass die Knauer-Führer für die Schönbrunner Menagerie nicht ansatzweise den Stellenwert besaßen wie diejenigen im Berliner Zoo. Zwar steigerte sich der Umsatz 1903 noch – von den im Mai 1903 im Auftrag Knauers gelieferten 25 Führern zu 1,40 Kreuzer und weiteren 25 zu einem Kreuzer waren bis zum Tag des Briefes 23 teure und 16 billige verkauft worden –, aber dennoch spielten die Führer im Vergleich zu den Besuchszahlen, die zu dieser Zeit bei bis zu 25.000 pro Tag lagen, keine Rolle; sie waren offenbar mehr persönliches Liebhaberstück denn »Leitfäden« für ein Massenpublikum. Nicht nur die quantitative Bedeutung war eine völlig andere, auch die Kultur der Normativität, die in ihnen entworfen wurde, unterschied sich erheblich von derjenigen der

Berliner Hefte: Als Wahlmöglichkeiten ausgewiesene Anweisungen wie jene, wonach es »den Besuchern frei [steht], entweder um diese verschiedenen Thierbehausungen herumzugehen oder aber nach der Numerierung des Situationsplanes zuerst die eine vordere und dann die rückwärtige Front entlang zu gehen«[182], finden sich in sämtlichen Führern für die Schönbrunner Menagerie nur sehr vereinzelt.

Über die Gründe für das Fehlen von gedruckten Führern in Schönbrunn, während sie im Berliner Zoo eine derart zentrale Rolle einnahmen, kann nur spekuliert werden. Explizite Regeln waren während des gesamten 19. Jahrhunderts in Schönbrunn vor allem in Form von Schildern und Hinweistafeln präsent. Nicht nur die klassischen Hinweise auf Fütterungs- und Berührungsverbote klärten die Besucher über das von ihnen erwartete Verhalten auf. Auch das Anbringen von Informationstafeln an den Käfigen kann zu diesen Handlungsaufforderungen gezählt werden. Die Menagerie sei, wie Fitzinger 1853 erwähnte, »für die Besucher derselben insbesondere dadurch belehrend und nützlich geworden, dass bei jedem Thiere die wissenschaftlichen Benennungen unter Angabe ihres Vaterlandes, mittels eigener, bei jedem Behältnisse derselben angebrachten Aufschriften, ersichtlich gemacht wurden«.[183] Die Bedeutung dieser Tafeln lag nicht allein in der Bereitstellung zoologischer Informationen. In ihrer schieren Präsenz waren sie Aufforderung zur Bildung und damit Teil der materiellen Kultur, die an der Produktion des idealen Zoobesuchers beteiligt war.

III. Wahrnehmung

Vorschriften des Raumes

Viele Regeln erschließen sich dem Besucher nicht durch Verbotsschilder, Gehordnungen oder Kennzeichnungen im Raum (im Sinne etwa der aufgehängten Nummern oder des gepflasterten Rundweges im Berliner Zoo), sondern anhand unterschiedlichster Vorschriften des Raumes selbst. Wegeführungen, Pflanzungen, das Design von Gehegen und Tierhäusern und deren Position im Raum erzeugen Regelwerke, verordnen Gehtechniken und bestimmen den Umgang mit den Tieren, inszenieren die Besucher als Teil des Ensembles und definieren damit Mensch-Tier-Beziehungen. Diese »stummen Gebote« des Ortes, die sich »unmittelbar an den Körper« richten, sind nur scheinbar machtloser als die eindeutig formulierten Verbote an den Käfigen oder in den Zooführern; in ihnen findet Macht möglicherweise tatsächlich in ihrer subtilsten Form, der symbolischen Gewalt als nicht wahrgenommene Gewalt statt.[184]

Die stillschweigenden Anforderungen, die der Tiergarten als architektonische Formation an seine Besucher stellt, basieren, so die These, auf normativen Vorstellungen darüber, wie in der Stadt gegangen und gesehen werden soll, wie Eindrücke des Urbanen fassbar gemacht und kommuniziert werden können. In den folgenden Kapiteln geht es darum, zu überprüfen, wie beide Räume materiell organisiert sind, welche Strukturen von Bewegung und welche Definitionen von Körperlichkeit ihnen eingeschrieben sind. Unter Zuhilfenahme von Stadtbeschreibungen soll gezeigt werden, dass Erzählungen über Städte oft gleichsam als Schnittmuster für Inszenierungen des Natürlichen im Zoo fungierten. Die erwünschten Optionen des Sehens und Gehens, die dem Spaziergänger im Zoo zur Verfügung standen, waren in ihrer Grammatik weitgehend deckungsgleich mit den Netzplänen von Blicken und Schritten, die in Beschreibungen des Städtischen zu einer bestimmten Zeit als geeignete Möglichkeit identifiziert wurden, urbanen Raum zu erfassen.

Architektonische Konzepte von Tiergärten sind auf das Engste verknüpft mit Narrationen des Städtischen, wobei Erstere stets als realisierter Plan erscheinen, wohingegen städtische Wirklichkeit durch die Praktiken ihrer Benutzer, die sich nicht an intendierte Ordnungssysteme halten, als unstrukturiert und von dem ihr zugrunde liegenden Plan abweichend erscheint. Der gemeinsame kulturelle Raum von Zoo und Stadt muss sowohl als tatsächliche physikalische Größe, als »einfache anschauliche Gegebenheit«, wie als etwas nicht-räumlich Definiertes, als »Konstrukt erlernter bewußter und unbewußter Wahrnehmungsmodi«[185] angesehen werden. Er entsteht somit auch durch Blicke, durch bestimmte Techniken, sich selbst und seine Augen darin zu bewegen. In der Art seiner Wahrnehmung konstituiert sich der je individuelle Charakter eines Raumes. Die dem Zoo und der ihn umgebenden Stadt eingeschriebenen virtuellen Texturen des Sehens, der vorgesehenen Sichtachsen und Gehwege ergeben beinahe kongruente Netze, die als Idealversionen räumlicher Wahrnehmung verzeichnet werden können. Kulturen des Visuellen, vermittelt über Akte des Sich-Fortbewegens, können als Schlüssel gleichartiger Erfassung städtischer und landschaftlicher Kulturen gekennzeichnet werden, die in ihrer räumlichen Symbolik ähnlich organisiert sind.

Die Versammlung der aus ebenso vertrauten Kontexten entstammenden künstlichen Tiere im Zoo kann nur deshalb zustande kommen, weil es sich dabei um einen Raum handelt, dessen Bewegungschoreographien den Besuchern aus ihren städtischen Lebenswelten vertraut sind, weil der Zoo »semiotische Sicherheit« bietet, die diese als lustvoll empfinden, weil sie »das Wissen darüber, womit sie es zu tun haben, gestattet«[186]. Die von John Fiske identifizierte »Lust am Text« eines kulturellen Raumes resultiert aus dem Begreifen der Inszenierungen, weil sie aus anderen Kontexten gekannt und erinnert werden.

Wie in unterschiedlichen Traditionen der Gartenarchitektur die Schritte, die die Besucher auf gerade und gekrümmte, geometrisch angelegte oder scheinbar zufällig verlaufende Wege setzen, unterschiedliche Texturen über Natur formen, so »lassen sich [auch] Städte [...] an ihrem Gang erkennen wie Menschen«[187]. Wie eine Stadt durchwandert und gesehen werden kann, bestimmt, wie über sie gesprochen werden kann, in welchen Formen Erzählungen über sie möglich sind. Stadtbeschreibungen und Reiseberichte formen urbane Räume entlang adäquat erscheinender Blickwinkel neu und entwerfen dadurch Narrationen, die einerseits auf jene zurückwirken, andererseits durch die Wahl einer bestimmten Perspektive Teile städtischer Wirklichkeit hervorheben oder auch, weil es nicht anders möglich scheint, ausblenden bzw. negieren. Das spezifische Tempo, der bestimmte »Gang«, an dem sie sich erkennen lässt und der sie von anderen Städten unterscheidet, ist Inhalt und Resultat eines Erzählprozesses, den der Versuch einer Charakterisierung stets darstellt.

Die moderne Metropole macht es notwendig, absichtlich Teile von ihr zu übersehen oder der eigenen Wahrnehmung einen Filter vorzuschieben, stellt sie doch eine derartige Zumutung an den Körper und seine Sinne dar, dass Maßnahmen des Selbstschutzes notwendig werden. Ist in der Stadt das Sehen daher immer mit einem Akt der (Selbst-)Disziplinierung verbunden, werden im Zoo die Möglichkeitsräume der Bewegung und der Blicke durch einen umfassenden Kanon impliziter Regelungen stark eingeschränkt. Muss sich der Einzelne dort permanent zwischen unzähligen Möglichkeiten der Fortbewegung und Wahrnehmung entscheiden, umfasst das normative Leitsystem hier auch den Bereich des Gehens und Sehens, der durch räumliche Anweisungen reguliert wird. Im Zoo werden Idealversionen urbaner Wahrnehmung produziert, Möglichkeitsräume eingeschränkt, Entscheidungen vorweggenommen und dadurch das Verstehen von Inszenierungen gesichert.

Szenarien des Sehens

Stadtbeschreibungen vom 17./18. bis ins 20. Jahrhundert ist gemeinsam, dass es offenbar wahrnehmungstechnischer Ordnungsinstrumente bedarf, um die vielfältigen Eindrücke, mit denen der Handelnde in der Stadt konfrontiert ist, kontrollieren und in einen sinnvollen Zusammenhang bringen zu können. Stadtwahrnehmung meint dabei stets nicht nur Rekonstruktion, sondern *ordnende* Rekonstruktion, die mit massiven Auswahl- und Beschränkungsverfahren verbunden ist. Unterschiedliche Formen der Stadtbeschreibung arbeiten mit verschiedensten Szenarien der Wahrnehmung, die mit je spezifischen Seh- und Gehtechniken verknüpft sind, die für die jeweilige Erfassung der Stadt am adäquatesten schienen und durch die sie sich voneinander unterscheiden: in der historischen Topographie, dem Tableau oder Tableau mouvant, dem Panorama, dem gerahmten Blick oder anhand der Eindrücke der Figur des Flaneurs, des die Stadt durchstreifenden Individuums, deren Einführung der Vorstellung eines objektiven Überblicks eine radikale Absage erteilt. War noch bis in die Mitte des 19. Jahrhundert versucht worden, die Stadt als Ganzes zu beschreiben, wurde nur wenige Jahrzehnte später klar, dass persönlich sinnvolle Erfahrungen nur noch mittels einer bewussten Auswahl von Eindrücken gemacht werden können, was zu einer radikalen Subjektivierung des Blicks führte.

Während die Stadt als unüberschaubare Masse an Häusern und Menschen wahrgenommen wird, die nur über Hilfskonstruktionen zugänglich gemacht werden kann, sind Zookonzepte immer schon durch eine Perspektive des Überblicks charakterisiert, sei es die Geometrie barocker Anlagen, die stark an die Erzähllinien der historischen Topographie erinnert, oder die Ordnung des Zufälligen in landschaftsgärtnerischen Konzepten wie etwa dem Lenné'schen Konzept in Berlin, in dem die überraschenden Perspektiven, die plötzlichen Sichtachsen, die sich dem Besucher eröffnen, geplant sind und die intellektuelle Leistung, die tableauartige Stadtbeschreibungen der Zeit erst vollbringen müssen, für den Besucher schon vorwegnehmen. Anders als in der Stadt, in der der Gehende und Sehende mit immer neuen, teilweise verwirrenden Eindrücken konfrontiert wird, ist der Zoo stets schon das Idealere, Bessere, Einfachere. Er ist daher auch insofern ein Erholungsort, als die Besucher die Handlungs- und Wahrnehmungstechniken, die zur Anwendung gebracht werden sollen, weil sie den Besuchern durch die implizite Normativität des Zoos abverlangt werden, aus der Stadt schon kennen und daher nicht mit der Notwendigkeit einer Adaptierung eingeübter bzw. der Entwicklung neuer Techniken des Gehens und Sehens konfrontiert werden.

Die Erfahrbarkeit urbanen Raums ist immer an Konzepte von sinnlicher Disziplinierung (als Notwendigkeit zur Bewältigung sinnlicher Überforderung) gekoppelt; das Terrain des Zoologischen Gartens ist dagegen in seiner Wahrnehmbarkeit bereits geordnet und daher erfahrbar gemacht. Die Technik seiner sinnlichen Entschlüsselung ist bereits realisiert, wird den Besuchern also nicht mehr abverlangt. Der Zoo unterscheidet sich von seiner städtischen Umgebung durch seine Vor-Organisiertheit und, aufgrund der intentionalen Homogenität seines Terrains, durch die Konstruktion der Publikumsbewegungen; dennoch stimmen die Konzepte überein – Stadt bzw. Zoo verhalten sich, so die These, hinsichtlich ihrer wahrnehmungstechnischen Strukturen zueinander so wie die Bilder, die sich dem urbanen Spaziergänger vor bzw. nach der Ordnung seiner Sinneseindrücke darstellen. Während das Resultat jenes Vorgangs, die (re-)konstruierte Metropole, aber niemals materiell realisiert erscheint, ist der Tiergarten wirklicher Ort und damit zumindest in dieser Hinsicht Heterotopie der Stadt.

Überblick

Wien, 31. Juli 1752: »Nachmittags führte der Kaiser abermahlen einige Zuseher nebst denen älteren jungen Herrschafften in die auf seine eigenen Spesen in dem Schönbrunner Parc nächst Hietzing erbaute und nun meistens schon zu standen gebrachte Menagerie, allwo eben vorgestern verschiedene aus Holland anhero beschribene fremmde Thiere (welche aber dermahlen noch meistens in Geflügelwerk bestehen) in seiner Gegenwart placiret worden waren, und hatte der Herr die Gedult, das mehreste selbsten anzuordnen und fünff ganzer Stund damit zuzubringen; gehet wohl auch zweimahl des Tages dahin, weillen er ganz besonderes Amusement dabei findet.«[188]

Die kaiserliche Menagerie des Franz Stephan von Lothringen ist zunächst privater Raum, in dem die Hierarchien eindeutig sind: Der Monarch, gleichgültig ob in seiner Eigenschaft als wissenschaftlich Interessierter, Entspannungs- oder Vergnügungssuchender oder als repräsentierender Herrscher steht im Zentrum der Inszenierung. Die Räume innerhalb der Menagerie sind eindeutig vergeben. Das geschlossene, hierarchisch organisierte Raumsystem soll die Bedeutungen sichtbar machen, die dem ebenso geschlossenen, hierarchischen sozialen System immanent zu sein scheinen. Die Inszenierung von Natur in der barocken Menagerie zielt auf die Darstellung eines statischen Bildes, das qua Naturalisierung überzeitliche Gültigkeit besitzt. Die Vorstellung eines Mikrokosmos, der als manifeste Repräsentation der gedachten Weltordnung fungiert, bestimmt die materielle Form des Ensembles, innerhalb dessen nur eine bestimmte, sehr reglementierte und formale Art der Fortbewegung möglich sein soll. Bis 1778 ohnehin nur der kaiserlichen Familie und deren Gästen zugänglich, verkörperte die Menagerie auch nach ihrer Öffnung für ein breiteres Publikum die gesellschaftlichen Ordnungsvorstellungen des monarchischen Staates. Die ihren architektonischen Strukturen inhärenten normativen Vorschreibungen bestimmten die soziale Handhabung des Raumes dabei in sehr ähnlicher Art und Weise, wie zeitgenössische Stadtbeschreibungen Idealversionen urbaner Wirklichkeit verzeichneten.

Sogenannte Topographien und städtische Kosmographien, die bis zum zweiten Drittel des 18. Jahrhundert die bedeutendsten Genres der Stadtbeschreibung waren, erfuhren bis in die letzten Jahrzehnte des 18. Jahrhunderts zwar eine enorme Ausweitung und Ausdifferenzierung ihres Aufbau- und Inhaltschemas; ihr basaler Ansatz, der durch eine umfassende Formalität gekennzeichnet ist, lässt sich jedoch anhand einiger fester Gattungsmerkmale umreißen.[189] Den grundsätzlichen wahrnehmungstheoretischen Ansatz markiert die Idee, dass die Perzeption von urbanem Raum notwendigerweise eine intellektuelle Erfahrung sein muss. In der Einleitung zur eigentlichen Stadtbeschreibung, die bei Bormastino 1719 als Zwiegespräch zwischen »Petrus« und »Paul« angelegt ist, hegt jener Zweifel, »ob ich eine solche Persohn finden werde welche die nothwendige Wissenschafften und die Geschicklichkeit habe umb von ihme in allen (was die Stadt Wien angehet) gnugsamb unterrichtet zu werden«.[190] Erklärtes Ziel ist es, »Wahrheit« zu finden, auch auf die Gefahr hin, dass »uns selbige zum öfftern wider unser besseres Wissens und unsern eigenen Willen [entwischet]«[191]. In den Topographien ist der Gedanke zu erkennen, dass es möglich, zumindest aber legitimes Ziel ist, eine »genaue, umständliche und vollständige Beschreibung«, eine »von allen Fehlern befreyte Nachricht« der Stadt zu verfassen, um möglichst »Genauigkeit [...], Wahrheit, Ordnung und Zusammenhang«[192] zu erzielen. Es geht also nicht um individuelle Eindrücke, sondern um Beschreibungen, die objektive Gültigkeit beanspruchen, in denen ›richtige‹ von ›falschen‹ Arten, die Stadt zu beschreiben, unterschieden werden können. Die Autorität des Schreibers leitet sich daher aus der quasi wissenschaftlichen Methode seines Vorgehens ab. Der Autor reklamiert für sich, objektiv zu sein, richtig zu sehen, »die pure Wahrheit«[193] erkennen zu können und dadurch repräsentative Texte zu verfassen. Der empirische Zugang erweist sich dabei als entscheidend: »[K]eineswegs vom blossen Hören-sagen« dürften die Texte entstehen, vielmehr müssen sie »aus eigener Observation« verfertigt werden – »indem wir [...] nicht wenig Zeit, Mühe und Wege darauf gewendet, um von jeder Sache genaue Erkundigung einzuziehen, und eine accurate und ausführliche Beschreibung zu geben.«[194]

Die Struktur der topographischen Stadtbeschreibungen zielt darauf ab, den urbanen Raum innerhalb eines möglichst eng gezogenen Koordinatensystems zu vermessen. Der individuelle Charakter einer Stadt ergibt sich dort aus der Fülle ihrer materiellen Details, die sie zu einem »Ganzen« machen. Üblicherweise besteht eine (historische) Topographie aus Beschreibungen der Gründungs-, Namens- und Erbauungsgeschichte, der räumlichen Lage und baulichen Gestalt der Stadt, worauf meist unterschiedlich detailreiche Aufzählungen der Sakral- bzw. Profanbauten folgen. Bereits die barocken Titel signalisieren den Anspruch auf Vollständigkeit, etwa bei Bormastino: »Historische Beschreibung Von der Kayserlichen Residentz-Stadt Wienn und ihren Vor-Städten; deren erster Erbauung/folglichen Wachstumb/heutigen Weite/Völckerschafften/Kirchen/Säulen/so wohl gemeinen/als privaten Gebäuen; Gärten/Gewölbern/Künsten/gerichtlich-politischen Aembtern/kayserlichen Schatz- und Kunstkammer/[...].«[195] Angestrebt ist nicht weniger als eine Beschreibung »von allem dem, was so wol in der Stadt Wien als ihren Vorstädten Denck- und Merckwürdiges zu sehen ist«[196], wobei versucht wird, die Fülle an Eindrücken, die sich dem Autor angesichts dieses Vorhabens eröffnet, systematisch abzuarbeiten und dabei ganz spezifische Logiken der Ordnung zu entwickeln: Wie viele andere beginnt Küchelbecker seine Beschreibung der Stadt mit einem Kapitel, das »von der Situation, Grösse, und Beschaffenheit der Stadt Wien«[197] handelt und diese in einem geographischen Koordinatensystem verortet. Wien liege »unter dem 37. Grad 45 min longitudinis, und 48. Grad 20 min latitudinis« – alleine mit diesem topographischen Datum scheint die Einzigartigkeit und Unverwechselbarkeit der Stadt schon bestimmt. Die

»Historische Beschreibung der kayserlichen Residentz-Stadt Wien«, die an die »Allerneueste Nachricht vom römisch-käyserl. Hofe« angehängt ist, handelt »[v]om Ursprung, Erbauung und Benennung der Stadt Wien«, »[v]on der Situation, Grösse und Beschaffenheit der Stadt Wien«, schließlich vom Erzbistum und den sakralen Bauten der Stadt, danach folgt eine Beschreibung der Universität, der Bibliotheken, der Kaufmannschaft sowie den Vororten Wiens und endet schließlich mit einem Kapitel über die »Kayserliche Schatz- und Kunst-Cammer«.[198]

Auch die de Luca'sche Topographie von 1794 versucht die Essenz der Stadt aus der Abhandlung eines festen Kanons von Elementen zu gewinnen, wenngleich der Text sich weniger an herrschaftlich-repräsentativen, sondern vielmehr an funktionalen Kriterien orientiert. So beschäftigen sich die einzelnen Abschnitte mit Namen, Lage, Umfang und Grenzen, Klima, Boden, Flüssen und Naturprodukten der Stadt, mit einer genauen Beschreibung des Adelsstandes, zu der die Auflistung der Namen aller Familien, die zu dieser Kategorie gezählt werden können, gehört, der Künstler, des gelehrten und des geistlichen Standes, des Militärstandes und der Juden; weiters folgt eine Auflistung der Sterbezahlen der letzten Jahre, exakt nach Monaten, Vorstädten und Geschlecht eingeteilt. Im vierten Abschnitt schließlich wird, nach Stadtvierteln geordnet, jedes Haus adressiert und damit ein systematisches Bedeutungsnetz über der Stadt ausgespannt, das scheinbar keine Leerstellen mehr aufweist. Nachdem die Stadt auf diese Art und Weise mit einer normativen Struktur überzogen wurde, ist das, was am Ende »noch zu erzehlen übrig« bleibt, oft nur noch eine Menge an »Partikularitäten«, die nur der Vollständigkeit halber noch erwähnt und, wie bei Bormastino, als weitgehend unzusammenhängendes Gemenge aus Bibliotheken, Zeughäusern, Handwerkszünften und Lustschlössern aufgenommen wird.[199]

Die topographische Form der Stadtbeschreibung gleicht damit einer Datensammlung, die den urbanen Raum inventarisiert und dabei auf der Idee einer über weite Zeiträume unveränderlichen Stadt basiert. Die Bewohner der Stadt interessieren ausschließlich als Angehörige bestimmter Stände, als Eigentümer oder Verwalter urbaner Materialität – doch selbst die Orte, an denen sich das breite Volk aufhält, scheinen nicht auf bzw. werden explizit ausgeklammert. Mit Kirtagen und anderen Volksfesten wolle sich Küchelbecker gar nicht erst »aufhalten«, »[a]llein, weil dieses nur eine Erlustigung vor das gemeine Volck ist, welches man zu vielen tausenden daselbst siehet«.[200] Das Alltägliche ist nicht nur kaum von Belang, sondern auch unproblematisch – so sehr, dass es gar nicht erst in den Blick genommen wird.

Die Idee, »gültige«, objektive Stadtbeschreibungen vorzulegen, verfolgte de Luca noch 1794, als er es auf sich nahm, »eine genaue, umständliche, und vollständige Beschreibung von der Hauptstadt der ganzen oesterreichischen Monarchie zu entwerfen. Sein Vorhaben [des Verfassers, der von sich in der 3. Person spricht] ist, von dieser merkwürdigen Stadt, keine Currentware, sondern ein bleibendes, und in fünfzig Jahren, noch brauchbares Werk dem Publikum zu geben«.[201] Viele der Topographien erfuhren Neuauflagen, die dann als »richtiger« verzeichnet wurden, »sintemahl hierinnen alles dasjenige, so sich seint dem ersten Druck am Roemisch Kayserlichen Hofe und zu Wien veraendert hatt, aufs genaue verbessert«[202] sei. Ergänzungen werden angebracht, Korrekturen vorgenommen, die vor allem dazu dienen, die Veränderungen, die die Zeit der Stadt beibringt, in den Griff zu bekommen. Die Zeitspanne zwischen den einzelnen Revisionen wird jedoch stetig kürzer – die Stadt verändert sich mitunter schneller, als die Feder über das Papier gleiten kann. Kaum hat man, so Küchelbecker 1730, »ein Capitul zu Ende gebracht, und arbeitet an dem andern, so pflegen zuweilen solche Veränderungen zu geschehen, daß man die vorige Arbeit gantz und gar umgiessen, und in eine andere Form bringen muß«.[203] Immer mehr musste immer schneller geschrieben werden – eine Einsicht, aus der zunächst das enorme Anwachsen der Seitenzahlen der Topographien im Laufe ihrer literarischen Tradition resultierte, schließlich jedoch die unvermeidliche Erkenntnis, dass die Suche nach einem »vollkommenen« erzählerischen Abbild der Stadt ein auswegloses Unterfangen war.

Dinge mussten weggelassen, ignoriert, übersehen werden, nur dadurch konnte der angestrebte Überblick gewährleistet werden. Das abstrakte *mapping*, das die barocken Topographien unter Rekurs auf die hegemonial intendierte Normativität der Stadt unternahmen, bedurfte der Autorität eines scheinbar übergeordneten Beobachters, der seine direkten »Anschauungen« in eine formalisierte Systematik überführte. Diese Vorstellung ebenso wie die Idee, es gäbe richtige (und falsche) Arten, die Welt (und damit auch die Stadt) wahrzunehmen, die unveränderlichen Gesetzmäßigkeiten folge, und so scheinbar objektive Deskriptionen verfassen zu können, die als »bleibendes Werk« Gültigkeit besitzen, korrespondierten mit dem Naturkonzept der Menagerie, das darauf zielte, die Vielfalt der Tierwelt in einem Ganzheit und zeitenthobene Gültigkeit symbolisierenden Rahmen abzubilden. Der in den oft hunderte Seiten langen Texten entfaltete Ordnungsraum war in beiden Fällen nicht identisch mit dem leibhaftig durchschrittenen Erfahrungsraum, vielmehr ging es darum, eine allgemeine symbolische Ordnung der Welt über die besondere empirische Ordnung eines Raumes zu legen, wobei jene selbst allerdings wieder so wirkmächtig war, dass sie beständig auf diese rückwirkte. Die in den literarischen Topographien entworfene »kleine Welt zu Wienn«[204] war ebenso idealisierter Mikrokosmos wie die Menagerie in Schönbrunn. Die Narrationen, die in beiden Fällen Erzählungen geometrischer Ordnung waren, intendierten eine permanente Erinnerung des Gesamtplans während der Fortbewegung im Raum, ein ständiges Wissen um die eigene topographische wie soziale Position.

Rahmung

Historische Topographien umfassten oft dutzende Bände, detaillierte Anhänge oder erfuhren umfassende »Verbesserungen«, und doch zeichneten sie kein umfassendes Bild der Stadt. Wollte man die Stadt beschreiben, musste der Totalitätsanspruch abgelegt und stattdessen eine Auswahl des Gesehenen getroffen werden. An die Stelle eines scheinbar objektiven Beschreibenden rückte das subjektiv empfindende Individuum, dem die Aufgabe der Komplexitätsreduktion übertragen wurde, indem es gezielt einen großen Teil aller möglichen Blicke ausschließen und damit nicht mehr alles, sondern nur einen repräsentativen Ausschnitt des Stadtganzen beschreiben sollte.

In neuen literarischen Formen der Stadtbeschreibung wurde versucht, dem Stadtbild durch kleinformatige »Blicke aus dem Fenster« Rahmung zu verleihen, durch die Perspektive von oben herab die Stadt stillstehen zu lassen und damit beschreibbar zu machen oder mit Hilfe von flüchtigen, aneinandergereihten »Skizzen« die Dynamik des Stadtlebens zu erfassen, um in den so produzierten Tableaus die Unvollständigkeit und Unvollendbarkeit des Stadtbildes zu thematisieren. Damit geriet jedoch mehr noch als das tatsächlich Abgebildete das Abwesende zum entscheidenden Aspekt städtischer Wirklichkeit. Die Stadt war für das Individuum unlesbar geworden, ein Überblick scheint nicht mehr möglich, vielmehr wird das Erinnern der einzelnen Eindrücke in Form eines synthetischen Zusammendenkens zur entscheidenden Kulturtechnik.

Louis Sébastien Merciers *Tableau de Paris* gilt als Genrevorbild, in dem die grundsätzlichen Prinzipien des *Tableaus*, die »Rahmenschau«, als Erstes verwirklicht wurden. Gleich zu Beginn bricht er mit der bisher dominanten Tradition der Stadtbeschreibung: »Wer aber von diesem Werk eine topographische Beschreibung von Plätzen und Straßen oder eine Chronik historischer Denkwürdigkeiten erwartet«, merkt Mercier an, werde sich »wohl in seiner Hoffnung getäuscht sehen«.[205] Er habe »weder inventarisiert noch katalogisiert, sondern nur skizziert, was [ihm] vor Augen kam«.[206] Mercier bestimmt damit die Schlüsselkriterien urbaner Wahrnehmung neu: Stadt wird im Tableau als ungeordnete Mischung von Gebäuden, Menschen, Straßen und Plätzen erlebt, die in überraschenden Situationen aufeinander treffen und interagieren. »Wie soll ich es anfangen«, fragt einer der mit der Herstellung eines Wien-Bildes beschäftigten literarischen Chronisten Wiens angesichts der mit der überwältigenden Menge von Eindrücken verbundenen Erkenntnis der Unmöglichkeit, ein Gesamtbild der Stadt zu verfassen, sein Gegenüber ebenso wie sich selbst, »Dir ein Gemälde dieses immer beweglichen, immer bewegten Schauplatzes darzustellen, auf dem in jeder Minute sich die ganze Ansicht verändert, jeden Augenblick neue Schauspieler auftreten und alte verschwinden, und Alles sich immerfort regt und wechselt? Wie soll ich die Gegenstände ordnen? Was zuerst, was zuletzt beschreiben? Mir schwindelt bei dem Gedanken, dieses Chaos von Bildern und Erscheinungen in ein System zu bringen.«[207] Der Stadtspaziergänger verfasst seine Beschreibungen bewusst als (überfordertes) Individuum, dessen Subjektivität und Körperlichkeit plötzlich bedeutungsvoll wird. Mercier überschreibt eines der Kapitel seines *Tableaus* mit »Meine Beine«, in dem er feststellt, für die Arbeit an dem Buch »so viel herumgelaufen [zu sein], daß ich wohl behaupten kann, es mit meinen Beinen verfaßt zu haben«[208]. Die Textualität der Stadt wird damit von einer abstrakten Metapher zu einer empirisch erfahrbaren Wirklichkeit, Gehen durch die Stadt ist gleichzeitig Schreiben über sie.

Tableaus entstehen entweder durch Spaziergänge durch die Stadt, an denen nur augenblickliche Eindrücke interessieren, ja interessieren können, oder durch einen Wechsel der Perspektive des Autors, der durch diesen Kunstgriff stillstehende Schaubilder erzeugt. Im ersten Fall sind nur einzelne Situationen städtischen Lebens, »eingefrorene Blicke«, Gegenstand der Beschreibung, im anderen begibt sich der Autor leibhaftig oder virtuell auf Türme oder Hügel, von denen herab die Stadt klein und entfernt wirkt und Bewegungen nicht mehr zu erkennen sind, sodass sie ebenfalls stillzustehen scheint. Die Panorama-Stadt wird durch die elaborierten Ordnungskonstruktionen in beiden Fällen zum »Trugbild«, zum Bild, das »nur durch ein Vergessen und Verkennen der praktischen Vorgänge zustande kommt«, und ihr distanzierter Betrachter, der selbst nicht Teil dieser inszenierten Ordnung ist, sondern diese Fiktion nur schafft, wird zum »Voyeur-Gott«[209].

Ähnlich den in dieser Tradition stehenden Stadtschreibern versuchte auch Peter Joseph Lenné in seinen Landschaftsschöpfungen »nicht nur den Raum [zu kommandieren], sondern [auch] [...] die Zeit einzufrieren«[210]. Der Berliner Zoo war als Serie einzelner Szenen gedacht, die durch die Bewegung des Körpers des Besuchers jeweils erinnert, aneinandergereiht und zu einem schlüssigen Ganzen – einem Tableau – zusammengefügt werden sollten.[211] »Es ist ein gewagtes Unternehmen, den Zauber der Sinnenwelt einer Zergliederung seiner Elemente zu unterwerfen«, schrieb Alexander von Humboldt, als Kollegiumsmitglied am Zustandekommen des Zoologischen Gartens beteiligt, in seinem *Kosmos*, »denn der großartige Charakter einer Gegend ist vorzüglich dadurch bestimmt, daß die eindrucksreichsten Naturerscheinungen gleichzeitig vor die Seele treten, daß eine Fülle von Ideen und Gefühlen gleichzeitig erregt werde. Die Kraft einer solchen über das Gemüt errungenen Herrschaft ist recht eigentlich an die Einheit des Empfundenen, des Nicht-Entfalteten geknüpft.« Mit der Frage nach dem »Verhältnis des Einzelnen zum Ganzen«[212] spricht Humboldt auch die zentrale Problematik der Stadtbeschreibung an, aus der heraus sich das Genre des *Tableaus* entwickelt. Der Eindruck der Totalität eines Raumes ist zentral für dessen emotionale und intellektuelle Beurteilung – und dennoch kann er nur über eine Folge von Bildern unmittelbar erfasst werden. Die Ordnung und Zusammenfügung jener Bilder obliegt dabei dem Betrachter, sie ist Gegenstand von Konstruktion. Wie zeitgenössische Beschreibungen großer Städte aus der sinnvollen Assoziation eines scheinbar sinnlos fragmentierten Nebeneinanders doch ein einziges Bild, ein Tableau, entwickeln, arbeitet auch das Konzept des Berliner Zoos mit dieser Technik. Im Zoo wie in der literarisch neu gefassten Großstadt lassen sich über Netze von Wegen und (Über-)Gängen Sinn- und Bedeutungszusammenhänge entwickeln, die kein Abbild mehr sind – und in der Unmöglichkeit, ein solches zu sein, erkannt werden –, sondern sich durch ein Zusammendenken ihrer einzelnen Elemente ergeben.

Im Zoo ist dabei durch den ursprünglichen Schaffensakt möglich, was in der Stadt die Wahrnehmung so kompliziert werden lässt: Obwohl der Ordnung des Zufälligen verpflichtet, in der dem Besucher scheinbar unerwartete Bilder vor Augen kommen, ermöglicht das spezifische Design des Lenné'schen Zoos mit dem Wechsel aus Nah- und Fernsichten »voraus[zu]sehen, also durch die Lektüre des Raumes der Zeit voraus[zu]eilen«[213]. Er kann auf diese Art und Weise einen Zusammenhang der Eindrücke erstellen, bevor alle Teile des Raumes durchwandert wurden, ist daher also nicht, wie im urbanen Raum, gänzlich abhängig von der Fähigkeit des Erinnerns, sondern kann Teile des Ensembles vorausschauend mit Blicken durchmessen. Ganz in diesem Sinne entwarf Lenné einen Park, in dem sich verschiedene Eindrücke zwar wie »zufällig aneinanderreihen« sollten, sich jedoch, bedingt durch Bewegung des Einzelnen, »in dem Zusammenhange derselben ein geordnetes Ganzes«[214] ergeben sollte. »Wir begehren, daß sich alles Sichtbare zu angenehmen Szenen zusammenfüge, und das nicht blos auf einem oder dem anderen Standpunkte, sondern in fortschreitender Entwicklung und immer neuen, bald vorbereiteten und dann wieder überraschenden Bildern, bald in gefälliger Beschränkung, dann wieder in weitreichender Ausbreitung.«[215] Lenné arbeitet dabei nach eigener Auskunft »gleich dem Maler [...] mit Farben und Lichtern«[216] – die

Autoren, die ihre Eindrücke der großen Stadt niederschreiben, entwerfen ebenso »Skizzen«, indem sie sich als »Maler« auf die Suche nach »Motiven für [ihre] Stift[e]«[217] begeben.

Ganz explizit verzeichnete Lenné Stadt und Natur/Landschaft dabei als wahrnehmungstheoretisch verwandte Texturen. 1826 verglich er den Gang durch einen Landschaftsgarten, dessen verschiedene »Bilder und Szenen« sich dem Betrachter durch den Vorgang des Gehens als ein »geordnetes Ganzes darstellte[n]«, mit der »Operation, wie uns der Grundriß einer wohlgeordneten Stadt [...] auf unsern Wegen [...] klar und deutlich wird«.[218] Scheinen ›Stadt‹ und ›Natur‹ stets gleichsam natürliche Antipoden zu bezeichnen, werden sie hier angenähert, indem sie nach Lenné analog erfasst werden können. Der Schlüssel für jene bis an die Ununterscheidbarkeit heranreichende Ähnlichkeit liegt dabei in der sinnlichen Wahrnehmung von Stadt und (inszenierter) Natur, konkret in der gleichartigen koordinativen Verbindung von Gehen und Sehen. Für Lenné ergibt sich sein Vergleich aus der Möglichkeit, urbanen und landschaftlichen Raum mit Hilfe derselben Sehtechniken wahrzunehmen. Er trennt nicht zwischen dem Blick auf die (inszenierte) Natur und dem auf die Stadt. Gärten, Parks, Nutz- und Naturlandschaften konnten nach seinen Vorstellungen ohne sichtbare Grenzen mit Städten und Dörfern verschmelzen bzw. ineinander übergehen. Durch den Vorgang des Sehens werden in der Tradition des natürlichen Landschaftsstils Stadt, Bau- und Gartenkunst konzeptuell und ästhetisch miteinander verbunden. Die Integration des Panoramas der Stadt in die Gesamtkomposition des Gartens und der Kunstgriff, dem städtischen Publikum dort die »Grundlagen seines Wohlstandes in immer neuen Bildern vor[zu]führen«[219], gehörten zum festen Formenkanon jener Gartenbautradition. Es sei, so Lenné, »gerade der Zweck [einer] Anlage [...], aus den Gegenständen, auf welchen der Wohlstand der Stadt beruht, ein eindringliches Gesamtbild zusammen zu stellen«.[220]

Die Grundlage für Lennés spezifische theoretische Ausformulierung des Verhältnisses von Stadt und Natur liegt wohl in seiner professionellen Biographie.[221] Seit den 1830er Jahren war er als königlicher Gartenbaudirektor an Schinkels Planung des neuen Zentrums von Berlin beteiligt, die die Umgestaltung des Tiergartens, aber auch Pläne für den Opernplatz, den Lustgarten, Belle-Alliance-Platz und Leipziger Platz umfasste. Seine Hauptaufgabe in stadtplanerischer Hinsicht betraf aber nicht jenen Bereich in der Stadtmitte, sondern die urbane Peripherie. Das Berliner Umland, das besonders seit den 1820er Jahren infolge steigenden Platzbedarfs für Industrie und Wohnräume erschlossen wurde, für die innerhalb der alten Grenzen kein Platz mehr war, wurde parzelliert und durfte fortan auch privat verkauft werden. Die Folge war ein heterogenes Nutzungs- und

Erscheinungsbild dieser peripheren Gebiete, das nicht mit den Vorstellungen, die die Stadtplaner und Verantwortlichen für diese Areale hatten, übereinstimmte. Lennés Aufgabe war es, für neu zu erschließende Gebiete Bebauungspläne zu entwerfen, die diese Entwicklungen verhindern und die baulichen Strukturen, die den veränderten sozialen Bedürfnissen angepasst werden mussten, neu gliedern sollten. Die Grundidee war, die Stadt mit Hilfe eines Generalplanes auf einen endgültigen Zustand hin zu entwerfen. Die im zeitgenössischen Gartenbau idealtypische Vermeidung von »Unregelmäßigkeiten« hatte auch im Städtebau oberste Priorität – Lennés als *Projectirte Schmuck- und Grenzzüge* betitelter Plan lässt den Wunsch nach Schaffung eines solchen Ganzen deutlich erkennen, wobei sich Gartenhistoriker und -theoretiker weitgehend einig sind, dass die darin etablierte Ästhetik, die »rhythmischen Raumfolgen«[222], seiner Gartenkunst entlehnt sind.

Lennés Arbeiten für die Umgestaltung des Tiergartens begannen 1816. Einerseits hielt er sich dort eng an die Hirschfeld'sche Programmatik des englischen Stils in Tiergärten, andererseits behielt er Teile des barocken Achsensystems bei; dies wohl nicht nur, weil Friedrich Wilhelm III. die Erhaltung barocker Elemente immer wieder mit Nachdruck forderte, sondern weil er selbst dieser Tradition verhaftet war. Die Folge war ein Nebeneinander »regelmäßiger« und »landschaftlicher« Partien. Seine Pläne und die wenigen schriftlichen Überlegungen machen das programmatische An-, In- und Miteinander urbanen und landschaftlichen Raums deutlich. Für den Garten Klosterberge in Magdeburg sah er etwa die Einplanung von Denkmälern vor, die für die Stadt bedeutende Personen darstellten, in der Nähe eines kleinen Hafens, der auch als »Sammelplatz der gebildeten Gesellschaft« fungieren sollte: »Der Lusthafen vor unseren Augen, und der Schiffplatz in der Ferne versetzen uns mitten in die Stadt, deren Einwohner hier ihre Erheiterung suchen.«[223] Anders als die Stadt bot ein Garten jedoch die Möglichkeit, alternative Sozialtopographien zu entwerfen. Größere freie Flächen schufen hier die Möglichkeit, dass sich »die lustwandelnde Menge zwar von Zeit zu Zeit sammle, daß sie aber keineswegs bunt gemischt, wie sie die Stadt faßt, zusammen gehalten werde; sich vielmehr theile, hier und dorthin wende, und sich in gesonderten Kreisen und Haufen immer wieder zusammen finde, was nach Bildung und Neigung zueinander gehört«.[224]

Lenné verstand Gärten nicht nur als Orte sozialer Utopien; er spielte ganz bewusst mit den Möglichkeiten, Natur-Räume mit den städtischen Lebenswelten der Spaziergänger auf materieller wie symbolischer Ebene zu verbinden, aufeinander zu beziehen und sie damit als einen heterotopischen Ort zu konstruieren. Es scheint nahe liegend, dass es sich bei diesem Konzept nicht nur um ein Stilelement einer bestimmten Tradition des Landschaftsbaus handelte, sondern dass jenes, darüber hinausgehend, als Topos gesehen werden kann: Im Garten, besonders aber in den Zoologischen Gärten des 19. Jahrhunderts, wurden Elemente des Städtischen nicht nur über architektonische Referenzen eingeführt, sondern auch über die Inszenierung von Bewegung, die auf die vielfältigen raumtheoretischen Analogien beider Orte verweist.

»Wenn man gesagt hat, Paris sei *das Universum im Kleinen*, so heißt das gar nichts«, stellte Mercier im *Tableau* programmatisch fest. »Man muß es sehen, durchstreifen und erforschen, was es in sich birgt.«[225] Die gleiche Idee ist dem Lenné'schen Konzept des Berliner Zoos eingeschrieben: Das Modell des Mikrokosmos, das im Logenkreis der barocken Menagerie Sichtbarkeit erlangt, mit fest verteilten Plätzen für alle Individuen, im Sinne eines detaillierten, verbindlichen Gesamtplanes, scheint so nicht mehr aussagekräftig. Es muss durch Erfahrung erweitert werden, kommt nicht länger ohne die Verlagerungen des Körpers aus, die notwendig sind, um die Komplexität und Heterogenität von Natur und Stadt gleichermaßen zu erfassen. Der Berliner Zoologische Garten der ersten Periode spannt sich damit auch nicht mehr wie ein statisches, ewig gültiges Schaubild vor dem Auge des Betrachters aus, sondern lässt sich erst im Zeitablauf, d. h. durch das Bewegen des eigenen Körpers durch ihn verstehen. Lenné beschreibt zwei Methoden, um im Gartenbau den Eindruck einer geschlossenen Landschaft entstehen zu lassen: Die eine ist die Zusammenschau verschiedener Bilder im Panorama von einem Standpunkt aus, die andere die Verbindung disparater Bilder durch Beteiligung des »inneren Auges«[226]. Lenné referiert dabei auf nichts weniger als auf ein Tableau, wonach viele synchrone Vorgänge in einem Bild erinnert werden, die erlebten Bilder anschließend in der Erinnerung gebündelt und mit dem aktuell Gesehenen in Verbindung gesetzt werden.

In beiden Fällen, der Schönbrunner Menagerie und dem Berliner Zoologischen Garten bis 1969, lassen sich strukturelle Ähnlichkeiten mit Organisationstechniken der Wahrnehmung in Stadtbeschreibungen des korrespondierenden Zeitraumes feststellen. Die Gesamtkonzeption des frühen Berliner Zoos kann durchaus als Tableau im gleichen Sinn wie für die Stadtbeschreibung begriffen werden. Die Menagerien des 18. Jahrhunderts sind jedoch einem grundsätzlich anderen Modell verpflichtet, das in sich sehr festgefügt und abgegrenzt erscheint und seinerseits mit den Stadtbeschreibungen des entsprechenden Zeitraumes und ihrer Einteilung in Herrschafts- und Repräsentationssphären korrespondiert.

Fragmentierung

Die Idee, dass der Stadt ein wenn auch kompliziert und unter großem Aufwand – entschlüsselbarer Plan zugrunde liegen könnte, verschwindet spätestens in den letzten Jahrzehnten des 19. Jahrhunderts beinahe vollständig. Die moderne Metropole mit ihrer wachsenden Zahl an Menschen, die sich zu einem einzigen Strom versammeln, in dem sich der Einzelne mehr als mitgetriebenes Teilchen denn als eigenständig agierendes Subjekt wahrnimmt, stellt nicht nur eine Zumutung und Überforderung für die Sinne dar, sondern verunmöglicht damit beinahe auch das Sprechen über urbane Erfahrungen. War man kaum hundert Jahre zuvor mit dem Erzählen kaum noch nachgekommen, verlangt der Akt des Sehens dem Beobachter nun alles ab und hinterlässt häufig nur noch Sprachlosigkeit – eine Sprachlosigkeit jedoch, die erneut in Wort- und Bilderfluten mündet. Urbane Erlebnisse werden als völlig kontingent beschrieben – Serien fragmentarischer Vorfälle, die kaum geeignet scheinen, sich zu *einer* Geschichte zu verbinden. Im Mittelpunkt der modernen Stadtliteratur steht vielmehr die Beschreibung der Methode des Wahrnehmens und Schreibens, der Bericht über die innere Konstruktion einer entschlüsselbaren Wirklichkeit.

Für das Individuum, das eine Auswahl an Sinneseindrücken treffen muss, wird es unweigerlich notwendig, »Schutzmaßnahmen« gegen die verwirrenden und verstörenden Bilder zu entwickeln. Walter Benjamin spricht in diesem Zusammenhang von Momenten des »Chocs« in der Großstadt, die »abgewehrt«[227] werden müssten; Georg Simmel um die Wende zum 20. Jahrhundert vom »Verstand«, der als »Schutzorgan« zwischen den Beobachter und die »rasche Zusammendrängung wechselnder Bilder«, den »schroffen Abstand innerhalb dessen, was man mit einem Blick umfaßt«, die »Unerwartetheit sich aufdrängender Impressionen«[228] zu schalten sei. Die sinnliche Erfahrung der Umwelt müsse notwendigerweise durch intellektuelle Bewältigung des Erlebten ersetzt werden. Statt mit dem »Gemüte« reagiere der Mensch, der die Großstadt bewältigen muss, auf die »Entwurzelung«, die das Resultat der Bedrohlichkeit des ihm äußeren Milieus sei, nun »im wesentlichen mit dem Verstande«,[229] wie es Georg Simmel fasst.

Die Anpassungsleistungen, die die Stadt abverlangt, finden ihr Resultat wieder in bestimmten Wahrnehmungstechniken, die gezielt entwickelt werden, um mit den sinnlichen und emotionalen An- und Überforderungen kalkuliert verfahren zu können. Der Beobachter hält nun nicht mehr symbolisch eine Tafel in Händen, auf die er seine Erfahrungen aufträgt, er geht nicht mehr mit dem Pinsel durch die Straßen, um ein Tableau anzufertigen, sondern wird in letzter Konsequenz selbst zum Medium, in das Eindrücke vorgenommen werden. »Wie ein Mensch«, schreibt Georg Simmel dazu, »nicht zu Ende ist mit den Grenzen seines Körpers oder des Bezirkes, den er mit seiner Thätigkeit unmittelbar erfüllt, sondern erst mit der Summe seiner Wirkungen, die sich von ihm aus zeitlich und räumlich erstrecken, so besteht auch eine Stadt erst aus der Gesamtheit der über ihre Unmittelbarkeit hinausreichenden Wirkungen. Das erst ist ihr wirklicher Umfang, in dem sich ihr Sein ausspricht.«[230] Die moderne Metropole reicht damit bis an die intimsten Umgebungen, bis in die privatesten Kontexte, bis an die Körper ihrer Bewohner heran, sie wirkt sich auf sie aus.

Im gleichen Zeitraum, in dem Berlin den Chronisten und Literaten zum beinahe undurchdringlichen Dickicht wird, geraten die urbanen »Oasen des Natürlichen«, unter ihnen der Zoologische Garten, verstärkt in den Blick. Wenn die »Riesenstadt« durch »ein nie stillstehendes Leben« gekennzeichnet ist, in der es »[w]ie ein wimmelnder Ameisenhaufen stetig hin- und herläuft, stetig geschäftig, nimmer ruhend, rastlos«, und der Eindruck eines »unentwirrbare[n] Knäuel[s]« entsteht, so scheint jenes im Zoo entwirrt zu sein, scheinen sich die bruchstückhaften Narrative des urbanen Raumes dort wieder zu einer lesbaren Erzählung zusammenzufügen.[231]

Die taxonomische Ausstellungsmethodik mit ihrer spezifischen Präsentationsästhetik, nach der der Berliner Zoo seit den 1870er Jahren organisiert wurde, war von der Idee getragen, über die Gesamtheit eines bestimmten Wissens verfügen zu können und dieses systematisch auszustellen. Auf engstem Raum wurden möglichst viele Arten einer Gattung präsentiert, um den schon verloren geglaubten Überblick scheinbar wieder zu ermöglichen und in einer urbanen Welt der Ausschnitte und Fragmente die Ordnung einer Ganzheit auszustellen. Während sich die Stadt offenbar jeglicher kategorisierenden Beschreibung entzogen hatte, fanden Klassifizierungsfantasien im Zoo einen neuen Ort. Seine Sammlungen suggerierten die Überschaubarkeit der Welt, die keine Leerstellen, keine Unvollständigkeiten aufweist. »Es ist beim Sammeln das Entscheidende«, bemerkte Walter Benjamin, »daß der Gegenstand aus allen ursprünglichen Funktionen gelöst wird um in die denkbar engste Beziehung zu seinesgleichen zu treten. Diese ist der diametrale Gegensatz zum Nutzen und steht unter der merkwürdigen Kategorie der Vollständigkeit. Was soll diese ›Vollständigkeit‹? Sie ist ein großartiger Versuch, das völlig Irrationale seines bloßen Vorhandenseins durch Einordnung in ein neues eigens geschaffenes historisches System, die Sammlung, zu überwinden.«[232] Es ist gerade dieses völlig Irrationale des bloßen Vorhandenseins unzähliger Dinge und Menschen, das die Wahrnehmung der modernen Großstadt zu einer irritierenden Erfahrung zu machen scheint. Indem im Zoo *gesammelt* und nicht nur *angehäuft* wird, wird (ein)geordnet. Die Reizüberflutung durch ornamental überladene, exotische

Tempel, Pagoden und Burgen, in denen die Tiere nach ihren jeweiligen Klassen untergebracht waren, ist eine romantisch-sentimentalisierende, sie hat nichts Beunruhigendes an sich. Es geht dabei nicht in erster Linie um (kulturelle) Information – wie in der Stadt, in der es für den Akteur von Bedeutung ist, sein Umfeld zu entschlüsseln –, sondern um Atmosphäre. Benjamin spricht über den Sammler weiter als einen »Physiognomiker der Dingwelt«[233] – die Kulturtechnik des Physiognomierens, bei der »wer nur immer [...] zu nahe kömmt, [...] anatomirt, analisirt, rezensirt«[234] wird, wird in der modernen Metropole nicht mehr praktiziert, ja kann es gar nicht werden. Was den Physiognomiker vom Flaneur unterscheidet, ist vor allem die Einordnung des Gesehenen nach einer Klassifikationslogik. Für jenen ist die Stadt noch Terrain, in dem einzelne Gesichter zu erkennen und zu typisieren sind, für diesen sind sie längst zu einem Strom verschwommen. Der Sammler als »Physiognomiker der Dingwelt« hingegen verfügt über die Sicherheit der Einschätzung von Umwelt, die im Zoo heterotopisch eingelöst wird, während sie im urbanen Raum nicht mehr möglich ist – dort kann der Stadtmensch, was die Wahrnehmung von Einzelheiten und Details betrifft, wieder Physiognomiker sein, flanierender Physiognomiker jetzt, selbst figurative Heterotopie.

»Hier wird die Welt solange gerüttelt und geschüttelt, bis sie zum Handgebrauch des Passanten dienen kann.«[235] Siegfried Kracauer spricht hier nicht, obwohl es sich ganz so anhört, über den Zoologischen Garten, sondern erinnert sich in seinem Text *Abschied von der Lindenpassage* an die längst vergangene Zeit dieser »Gänge durchs bürgerliche Leben«[236], die im Zoo zitiert werden und in dessen ebenfalls handlich gemachte Version von Welt eingepasst werden. Der Zoo in der modernen Großstadt erscheint einerseits als ihr Extrakt, indem er mit ihren Metaphern und Symboliken arbeitet und deren imaginierte Normativität materialisiert, andererseits als ihr Gegenort, an dem stringente Geschichten von kultureller Sicherheit und sozialer Ordnung entsponnen werden können, die die Stadt längst nicht mehr zu kommunizieren vermag. Der urbane Raum informiert den Zoo, und dieser entschlüsselt dessen Bedeutungen, reduziert dessen Komplexität und stellt damit immer auch eine Ideallandschaft urbaner Wahrnehmung dar.

IV. Konsum

Berlin. Die Kommerzialisierung des Exotischen

Wenn von Handlungsregeln die Rede ist, die dem Raum selbst eingeschrieben sind, ist damit nicht automatisch auch gesagt, dass diese Normen von den Besuchern so befolgt wurden – denn das »Vorhandensein und die Verbreitung einer Vorstellung [...] [geben] keinerlei Aufschluß darüber, was diejenigen, die sie gebrauchen, davon halten«[237]. Es geht daher nun darum zu untersuchen, wie bestimmte Vorstellungen, die sich im Tiergarten in unterschiedlichen Raumkonzepten manifestierten, von den Menschen gebraucht wurden, die nicht die Urheber jener normativen Figurationen waren, denn »[n]ur so kann man die Unterschiedlichkeit oder Ähnlichkeit ermessen zwischen der Produktion eines Vorstellungsbildes und der sekundären Produktion, die in den Anwendungsweisen verborgen ist«[238].

Der Zoo in seiner ganzen Bedeutungsbreite kann nur im Spannungsfeld zwischen Produktions- und Rezeptionspraktiken erfasst werden. Die Vorschriften des Terrains müssen mit mitunter divergierenden Lesarten konfrontiert werden, und die Frage nach den Taktiken der Anpassung der kulturellen Verfügbarkeiten muss an das Eigene gestellt werden. Was im Zoo passiert, ist nicht (ausschließlich) das Resultat normativer Vorschreibungen, sondern wird in dynamischen Prozessen von Bedeutungsgebung und -entzug von Besuchern und Offiziellen mit- und gegeneinander ausgehandelt. Zwar erzeugen explizite und implizite Vorschriften, wie sie in den letzten Kapiteln besprochen wurden, favorisierte Lesarten, die die Besucher zum Erkennen der hegemonialen Symbolik des Raumes anleiten; dennoch geben jene lediglich den ideologischen Rahmen vor, der noch nichts über die tatsächliche Rezeption des Raumes aussagt. Menschen können sich den Regeln im Zoo widersetzen – sie können die Tiere füttern, den Rasen betreten, sich in ihrem Spaziergang durch den Garten den ›Empfehlungen‹ des Führers und den edukativen Bestrebungen der Zoogründer entziehen. Tatsächlich kommen, folgt man den wenigen Quellen, die über das Publikum erzählen, nur die wenigsten, um sich in frischer Luft fortzubilden.

Im Jahr 1893 machte sich Friedrich Knauer, Gründer des Wiener Zoologischen Gartens im Wiener Prater, der in jenem Jahr eröffnet wurde und ein Gegenprogramm zur kaiserlichen Menagerie darstellen sollte, in seinen Überlegungen zur Tiergartengründung Gedanken über die Zusammensetzung des Zoopublikums: Da gebe es die »fachmännischen Zoologen, Lehrer der Naturgeschichte, Thier- und Naturfreunde, Jäger, Sportsmänner; dann [die] studirende Jugend aller Schulen; weiters [die] gebildeten Laien, die allen Bestrebungen ethischer Natur reges Interesse entgegenbringen« – damit waren die von den Gründern imaginierten Besucher benannt. Das »Gros« jedoch mache das »neugierige, flanirende, der Reclame überallhin folgende Publicum«[239] aus. Die Zoologischen Gärten waren eben nicht nur Orte populärer Naturkunde, sondern auch und vor allem Räume des Spektakels, in denen die intendierte Aufklärung des Publikums wenn überhaupt so nur dann erreicht werden konnte, wenn sie von einem umfangreichen Unterhaltungsangebot begleitet wurde.

»Der Garten wird erst chic, wenn die Tiere nicht mehr zu sehen sind«

Die Institutionengeschichte des Berliner Zoos, mehr noch die Geschichte seines Publikums, zeigt von Beginn an, dass der finanzielle Erfolg, auf den der Garten durch seine Organisationsform als private Aktiengesellschaft angewiesen war, nicht »von selbst«[240] zum Abrücken der reinen Wissenschaftsorientierung führte, wie es Wilhelm Ende und Hermann Böckmann, die prominenten Zoo-Architekten und Mitglieder der Zoo-Aktiengesellschaft, 1875 rückblickend formulierten. Vielmehr bestimmten die Besucher durch spezifische Lesarten des Zoos dessen Erscheinungsbild und Bedeutung für Berlin erheblich mit.

Bereits am Eröffnungstag des Berliner Zoos am 1. August 1844 findet sich in der *Vossischen Zeitung* die Reaktion des Zoogründers Lichtenstein auf eine Anfrage, »ob es erlaubt sei, im Zoo zu rauchen?«, daneben ein Hinweis Lichtensteins, »dass die Besuchenden in den ersten Wochen auf leibliche Erquickung werden Verzicht leisten müssen«, ein »Gebäude zu diesem Zweck« jedoch bereits errichtet sei.[241] Diese ersten bescheidenen Anfragen markieren den Beginn eines Diskurses über Bedeutung und Nutzung des Gartens, der keineswegs nur ein wissenschaftlicher war, sondern sich in dynamischen Debatten zwischen den Tiergartenverantwortlichen (in der ersten Zeit Lichtenstein persönlich) und einer städtischen Öffentlichkeit manifestierte. Die *Vossische Zeitung* war mit ihrer Rubrik »Eingesandt«, in der aktuelle Diskussionen in Briefform geführt wurden, das bevorzugte Medium jener Verhandlungen. Dabei zeigte sich nicht nur der Einfluss des Publikums auf den Garten und dessen symbolisches und materielles Erscheinungsbild, sondern auch der damit verbundene Import spezifisch urbaner Praktiken, der auf diese Weise ausgehandelt wurde. Die im obigen Leserbrief angesprochene Diskussion um die Frage des Rauchens im Zoo ist nicht nur hinsichtlich genereller Verhandlungen um Erlaubtes und Unerlaubtes im Zoo relevant, sie verweist darüber hinaus auf eine in den 1840er Jahren in Berlin intensiv geführte Diskussion um das Rauchen auf öffentlichen Plätzen in der Stadt. Die Anfrage erscheint demnach auch hinsichtlich der Implikationen interessant, die das Verhältnis zum Urbanen markieren: Einerseits soll eine in der Stadt kulturell bedeutsame Praxis eingeführt werden, andererseits wird der Zoo in seiner Bedeutung als das Andere der Stadt adressiert. Er wird nicht als qualitativ gleichwertig mit dem öffentlichen Raum der Stadt identifiziert, sondern, indem die Frage überhaupt gestellt wird, als Sphäre, in der unterschiedliche kulturelle Regeln gelten. Am 13.8.1844 berichtete Lichtenstein, dass sich die Damen beklagten, »daß in der Nähe der Käfige so oft der Cigarren-Dampf unbequem werde, ja es ist bemerkt worden, daß den Thieren brennende Cigarren dargereicht« wurden.[242] Die Sache bekam durch die Einbettung in den Kontext des Natürlichen auch eine moralische Bedeutungsebene. Aber die Antwort des Zoodirektors zeigt auch, dass – wahrscheinlich aus ökonomischen Gründen, die Konzessionen an das Publikum notwendig machten – dem Ansuchen, im Zoo zu rauchen (und ihn damit zu einem Raum mit urbanen Bedeutungen, aber unterschiedlichen normativen Regeln zu machen), offensichtlich stattgegeben wurde.

Ein knappes Jahr später, im Sommer 1845 findet sich in »Eingesandt« erneut ein schriftlicher Wortwechsel, der zeigt, dass die Wünsche des Publikums oft jenseits des bei der Planung und Organisation des Gartens Erwarteten und Gedachten lagen. So erkundigte sich am 11. Juli 1845 ein anonymer Besucher, »weshalb [...] der Zoologische Garten bei der heißen Jahreszeit, wo der Besuch nur in den Früh- und Abendstunden Vergnügen gewähren kann, erst um 8h geöffnet [wird]?«[243] Am Tag darauf antwortete Lichtenstein, »daß dies deshalb so angeordnet worden [ist], weil vor dem Eintritt des Publikums alle Käfige gereinigt und die anderen Vorbereitungen zum Empfang getroffen sein müssen und die Wärter, die dies zu besorgen haben, größtentheils nicht im Garten weilen, sondern erst aus der Stadt herankommen. Sie erscheinen indessen so frühzeitig, daß ihre Geschäfte in der Regel schon viel früher beendet sind, und dann werden von unsern Beamten dem früheren Eintritt keine Schwierigkeiten entgegengesetzt. Es sind Personen schon vor 6 Uhr erschienen und eingelassen worden, die nicht anstehen werden, dies zu bezeugen. Aber in der heißen Nacht vom 8ten zum 9ten meldeten sich einige Herren zwischen 3 und

4 Uhr Morgens und sind vom Nachtwächter abgewiesen worden.«[244] In diesem besonderen Fall wurde also den Wünschen des Publikums nicht oder nur teilweise nachgegeben – um sechs Uhr wurden Besucher, die dies wollten, in den Zoo gelassen, obwohl dies den formalen Vorschriften der Institution nicht entsprach; jeder Versuch, davor in den kühlen Garten zu gelangen, wurde aber abgewiesen. Doch sehr bald erkannten Beobachter, wenn auch in den ersten zwei Jahrzehnten seines Bestehens nicht die Verantwortlichen, dass die Zugeständnisse an das Publikum weitaus größer ausfallen würden müssen und den Zoo in einer Art und Weise betreffen würden, die ihn in seinem konzeptuellen Kern berührte und seine gesamte Programmatik in Frage stellte.

Bereits 1846 wurden Überlegungen angestellt, die den Unterhaltungsanspruch des Publikums gegen die edukativen Bestrebungen der Zoogründer ausspielten und damit auch das grundsätzliche Selbstverständnis der Institution betrafen. Was die richtige Strategie der Tierankäufe betreffe, so Heinrich Latorff, einer der besten Kenner des frühen Berliner Zoos, müsste in den ersten Jahren, so weit es die Mittel erlaubten, dieselbe vornehmlich dahin gerichtet sein, solche zu akquirieren, die durch Größe oder sonstige Eigenschaften imponierten, und man müsste dem besonderen Interesse – der Wissenschaft – »noch für einige Zeit die zweite Stimme einräumen«[245].

Tatsächlich wurde der Wissenschaft nicht nur für einige Zeit die zweite Stimme eingeräumt. Philipp Leopold Martin gestand der Zooführung unter Lichtenstein im Rückblick zwar ernsthafte Bemühungen zu, »dem Garten neue Anziehungspunkte zu verschaffen« – was Lichtenstein aber nicht verstanden hätte, »das waren die Anforderungen der Zeit, denen er nicht in dem Grade Rechnung trug, wie man es verlangte, denn das große Publikum durch Konzerte herbeizulocken, vertrug sich nicht mit seinen ehrenwerten akademischen Gesinnungen, die er wie ein Patrizier, gern zur Schau trug«.[246] Den »vorwiegend wissenschaftlichen Tendenzen« des Gründungskollegiums wurde die Hauptschuld daran gegeben, dass der Garten zu Beginn kein »gesuchte[r] Faktor im öffentlichen Leben der Hauptstadt des Königreiches« war.[247]

Im Jahr 1869, nachdem »das Institut schon zu lange sich in dem Wendekreis des Krebses bewegt [hatte] und fast Gefahr lief, gänzlich vergessen zu werden«[248], entschloss man sich schließlich unter der Leitung des neuen Direktors Bodinus zu umfassenden Umgestaltungsmaßnahmen, die in Europa in bis dato ungekanntem Ausmaß die Schaulust des Publikums befriedigen sollten, indem sie nicht zuletzt kulturelle Konnotationen des Urbanen im Zoo verankerten und zum Teil der Inszenierung des Natürlichen machten. Während sich Lichtenstein, Lenné und Humboldt der Gründung einer Bildungsanstalt zur Vermittlung der Naturgeschichte verschrieben hatten, verschoben sich die Prioriäten dreißig Jahre später merklich: »Die bedeutenden Anforderungen, welche nach und nach an diese meist von Aktiengesellschaften gegründeten Institute gestellt wurden«, hätten, wie es die Architekten des Umbaus formulierten, »wegen Beschaffung der Geldmittel von selbst dahin [geführt], den Standpunkt der reinen Wissenschaftlichkeit aufzugeben und neben der Belehrung auch dem Vergnügen der Besucher gewisse Rechnung zu tragen«.[249]

Die bedeutendste Maßnahme war der Neubau der Tierhäuser, die fortan »architektonische Sehenswürdigkeiten« darstellen sollten, »um auch solche Besucher anzuziehen und zu befriedigen, die nicht geneigt sind, sich in die Einzelheiten des Thierbestandes zu vertiefen«.[250] Neben einer derartigen »Verschönerung des Gartens« bemühte man sich seit Anfang der 1870er Jahre auch um die »Vermehrung seines Thierbestandes« – vor allem aber wollte man verstärkt »Sorge für Bequemlichkeit und Eleganz«[251] tragen. Das bürgerliche Publikum wollte unterhalten werden – und die Unterhaltungen sollten dem großbürgerlichen Lebensstil der neuen Hauptstadt angemessen sein. Seit Beginn der 1870er Jahre bis 1884 fanden wöchentlich drei Konzerte statt, die zu den wichtigsten gesellschaftlichen Veranstaltungen Berlins zählten, danach täglich Doppelkonzerte. In der kalten Jahreszeit wurden Winterkonzerte gegeben, außerdem wurden seit 1871 regelmäßig Feuerwerke abgebrannt. Es wurden mehrere Aufführungsbühnen für die Orchester erbaut, für die sogar Tierunterbringungen aufgelöst bzw. verlegt wurden.[252] Nach 1900 hielten die Berliner Techniker, Juristen und Ärzte regelmäßig ihre Bälle im Zoo ab, die Firma Siemens feierte 1897 dort ihr Jubiläum. In der »künstlerisch vornehm ausgestattet[en]« *Concert-Zeitung des Zoologischen Gartens zu Berlin* konnte man sich nicht nur über das tägliche Musikprogramm informieren, sondern bekam auch »interessante Artikel über die Tierwelt, Tierhumoresken, Plaudereien usw.« geliefert.[253] Erworben werden konnte das Heftchen »bei den Pagen und in den Drucksachen-Zelten des Garten«[254], in denen auch die Zooführer und unzählige Serien bunter Ansichtskarten verkauft wurden. Seit 1878 standen, gleichsam als Ergänzung der Tierpräsentationen, sogenannte »Völkerschauen« auf dem Programm des Zoos.[255] Am Abend war seit 1884 die elektrische Beleuchtung des Gartens eine große Attraktion. Es gab mehrere Kinderspielplätze, zu denen später noch ein Milchausschank und ein Ammenzimmer kamen, einen Leseberg, auf den sich Ruhe suchende Zoobesucher zurückziehen konnten, und seit 1880 einen optischen Salon; im Winter galt das auf den Namen Vierwaldstättersee getaufte Gewässer in der Mitte des Zoos als einer der schönsten Eislaufplätze Berlins. Nach 1898 entstanden eine Fahrradhalle am Kurfürstendamm, ein russischer und ein chinesischer Musikpavillon, eine Kaffeehalle am Kurfürstendamm, eine Kinderspielhalle, außerdem wurde die elektrische Beleuchtungsanlage erweitert. Geplant waren außerdem Tennisplätze, über deren Realisierung Pläne des Zoos allerdings keine Auskunft geben. Tatsächlich gebaut wurde eine (sich auf dem Zoogelände befindliche, allerdings an den Preußischen Staat verpachtete) Ausstellungshalle, die für Schaustellungen, Veranstaltungen und Varietés gebaut wurde und mindestens 7.000 Sitzgelegenheiten umfasste.

Der Berliner Zoo, als »Schöpfung [...], welche in der modernen Welt unseres Wissens noch unerreicht ist«, wurde damit zum »gesellschaftliche[n] Mittelpunkte des neuen Berlin«.[256] Zur »populärste[n] Erholungsstätte der Berliner« und zum »grösste[n] Vergnügungsetablissement von Berlin« machten ihn jedoch hauptsächlich die Restaurationsbetriebe. Anhand einer Zeichnung, die wahrscheinlich als Ansichtskarte im Zoo verkauft wurde, lässt sich der Stellenwert des Zoorestaurants erkennen: Umrundet von kleinen Darstellungen der Gehege und Tierhäuser bildet die (alte) Gaststätte das Hauptmotiv der Karte – Natur wird zur Staffage städtischer Vergnügungen. Anfang der 1870er Jahre wurde eine zweite Restauration errichtet, die weitaus luxuriöser gestaltet wurde und für das »elegantere Publikum« bestimmt sein sollte. Daneben blieb das Lokal für die »bescheideneren Ansprüche«, die Waldschenke, erhalten, nach 1900 um die Tiroler Bauernwirtschaft »Zum durstigen Flamingo« erweitert, um den Betrieb auch bei Schlechtwetter ungestört aufrechterhalten zu können.[257] Alleine an schönen Sommertagen, berichtete Ludwig Heck 1903, musste Lorenz Adlon in der großen Restauration 50–60.000 Gäste bewirten. Jenes Lokal soll »einen angenehmen Aufenthalt« in »gedeckte[r] Unterkunft für 10.000 Personen«[258] geboten haben, weitere 10.000 sollen auf Sitzplätzen im Freien, auf einer riesigen Terrasse, Platz gefunden haben. Nach 1900 festigte die Errichtung des Mamorsaals endgültig den Ruf des Zoorestaurants, nicht nur eine der größten, sondern auch eine der mondänsten Gaststätten der Welt zu sein, in der zu Spitzenzeiten bis zu 900 Personen beschäftigt waren.[259]

Ohne Restauration »[kann] nun einmal kein öffentlicher Garten mehr gedacht werden«[260], hatte Philipp Leopold Martin bereits 1878 festgestellt, und man spekulierte, schon bevor der Berliner Zoo um 1900 zum vielleicht beliebtesten Vergnügungsort der Stadt geworden war, dass wohl nur der »kleinste Teil« der Besucher aus jenen »tiefe[n], gemüthliche[n] und sittliche[n] Beweggründe[n]«[261], die den Verantwortlichen vorschwebten, in den Zoo kam – die Mehrzahl der Menschen ging in den Garten um sich zu unterhalten, den Tag mit Freunden und Familie zu verbringen, zu tanzen, zu flirten, zu essen und zu trinken. »Der Zoologische Garten wird spät nachmittags, wenn die Tiere nicht mehr zu sehen sind, chic«, berichtete ein Stadtführer im Jahr 1905 und machte damit deutlich, dass dic Vorstellungen der Berliner Bevölkerung ein gutes halbes Jahrhundert nach der Zoogründung nur wenig mit den damals formulierten Ansprüchen zu tun hatten.[262] Die meisten der zeitgenössischen Zoogeschichten und -erinnerungen entfalteten einen »bewegten gesellschaftlichen Hintergrund aus Spaziergängern, Liebespaaren, Ammen mit spielenden Kindern oder schwadronierenden Restaurantgästen [...], für die die Artenvielfalt ringsum nur unbeachtete Staffage ihres öffentlichen oder halböffentlichen Treibens« abgab.[263]

»Bilder, die das Publikum niemals vergißt« – Von Tempeln und Kathedralen für Tiere und Menschen

Angesichts des massiven Anstiegs der städtischen Bevölkerungszahlen, der auf ein größeres Publikum für den finanziell schlecht situierten Zoo hoffen ließ, hatte man sich unter dem neu angetretenen Direktor Heinrich Bodinus 1869 zu radikalen Umbauten entschlossen. Dem Zoo sollte als Ort, der »in dem Bildungs- und Belehrungsapparat unserer modernen Großstädte« einen »hervorragenden Platz«[264] erwerben wollte und gleichzeitig als vergnüglicher Anziehungspunkt für große Teile der Stadtbevölkerung fungieren sollte, ein neues Gesicht gegeben werden.

Parallel zur Institutionalisierung von Konzerten, Bällen, Feuerwerksspektakeln und Kindervergnügungen wurden auch die Tierhäuser um- bzw. neugebaut. Die »alten, engen Baulichkeiten verschwanden oder wurden umgebaut und vergrößert, der dichtverwachsene Park wurde gelichtet, große Teile ausgegraben, an Stelle der bisherigen engen Käfige und Pferche traten geräumige Volièren und Gehege, zahlreiche, an Größe und Pracht nirgends anderwärts erreichte Neubauten mit zweckmäßigster innerer Einrichtung entstanden«.[265] Damit wurde der Garten nicht nur als Ort zoologischen, sondern auch kunst- und kulturhistorischen Wissens inszeniert. Eindrucksvolle »Thierpaläste« – Elefantenpagode, Straußentempel, Antilopenmoschee und andere – wurden errichtet, die in einem »gewissen harmonischen Einklang mit ihren Bewohnern«[266] stehen sollten, um dem Publikum einen Eindruck der Herkunftsländer der Tiere zu vermitteln. Als Erbauer der spektakulärsten der neuen Tierhäuser (Antilopenhaus, Raubtierhaus, Elefantenpagode) wurden Wilhelm Böckmann und Hermann Ende, Inhaber eines der führenden Berliner Architekturbüros, beauftragt. Böckmann war nicht nur Begründer der *Deutschen Bauzeitung* (1866/67), die regelmäßig Berichte über die Zoobauten brachte, sondern auch Vorstandsmitglied der Zoo-Aktiengesellschaft. Die »Andeutung einer heimathlichen Umgebung« des Tieres sollte der »künstlerischen Anregung«[267] der Besucher ebenso dienen wie der naturgeschichtlichen »Volkserziehung« und der traumhaften Unterhaltung des Publikums. Ihm sollten »Gebilde vorgeführt werden, an welche anknüpfend seine Phantasie das eingehegte Thier auf seinem heimathlichen Boden zu sehen glaubt«.[268]

Das Engagement kunst- und architekturhistorischer Experten garantierte dabei scheinbar die Authentizität dieser klischierten Umgebungen. Das Straußenhaus, von den Architekten Heinrich Kayser und Karl von Großheim entworfen, außen verziert mit »Szenen aus dem Leben des Straußes«, wurde, wie die *Deutsche Bauzeitung* von 1902 berichtete, mit einem gegenüber der Vorhalle liegenden Abschlussraum ausgestattet.[269] Darin wurde ein Diorama von Eugen Bracht, Professor an der Berliner Kunstakademie mit Vorliebe für »orientalische Motive«, integriert, »das die Memnonsäulen bei der Abendbeleuchtung in einer überschwemmten Nillandschaft darstellt«.[270] Die Außenflächen des Hauses waren mit »koilana-gryphischen Darstellungen der Tempelfläche« versehen, die ebenso wie die anderen »künstlerischen Motive sowie die Inschriften [...] unter der Anleitung des Aegyptologen Dr. Kurth dem altägyptischen Formenkreis entnommen« gewesen sein sollen.[271] »Die Ausgestaltung und Ausschmückung unseres altägyptischen Straußenhauses«, schrieb der spätere Zoodirektor Heck rückblickend, »ist von den maßgebenden wissenschaftlichen Fachleuten hier bis ins Einzelne beaufsichtigt worden, und wir haben infolgedessen die Genugtuung, daß der Bau geradezu zu akademischen Lehrzwecken benutzt wird«.[272] Als »Dekorationsmotive« wurden »Lotosblumen«, »Scarabeuskäfer« und Darstellungen der Sphinx verwendet, »[u]m die Säule herum läuft das [...] Lied über die Freudenfeste zurzeit der Nil-Überschwemmungen«.[273] Neben einem Bild »der ägyptischen Himmelsgöttin« eine Inschrift im »altägyptischen Stil«, die die mächtigen kulturellen Traditionen in den zeitgenössischen politischen Diskurs einschrieb: »Im Jahre 13 des Herrn der beiden Länder Wilhelm II – Leben, Heil, Gesundheit blühe ihm – wurde der Bau dieses Hauses der Straussenvögel vollendet.«[274]

Die Suggestion eines genauen kunstgeschichtlichen Vorgehens stand in Widerspruch zur vielfach formulierten zeitgenössischen Kritik, wonach im Zoo ein architektonisch fragwürdiger »Phantasiestyl« vorherrsche, der Türmchen, Torbögen, farbenprächtige Malereien fremdartiger Motive und goldene Dächer zu Stereotypien des Exotischen vereinte.[275] Authentisch oder nicht, echt oder unecht – in jedem Fall fügten sich Figuren des Fremden zusammen zu »Bilder[n], die [das Publikum] niemals vergisst«[276]. Die künstliche Nachbildung wurde zum Maßstab für das Natürliche, das Klischee zum Ideal ihres Originals. Die großen Tierhäuser des Berliner

Abb. 10: Die Elefantenpagode.

Abb.. 11: Der ägyptische Straußentempel.

Zoos waren imposante Beispiele für eine Verquickung von Natur und Kultur, bei der nicht mehr sicher war, welche der beiden Kategorien nun Staffage der jeweils anderen war – ihre Bewohner waren in jedem Fall künstliche Tiere.

Die neuen Unterkünfte im Berliner Zoo waren auf geradezu ideale Weise an der Schnittstelle von Unterhaltung und populärwissenschaftlicher Bildung verortbar, die wissenschaftliche Ausrichtung des Gartens schien sich in ihnen mit dem Anspruch auf Zerstreuung zu verbinden. Während zur etwa gleichen Zeit in naturkundlichen Museen die Tendenz weg von taxonomischen Reihendarstellungen hin zu dioramatischen Szenarien pflanzlicher und tierischer Lebensräume ging – allerdings nicht nur, um die Schaulust des Publikums besser zu befriedigen, sondern weil damit neu formulierte pädagogische und wissenschaftliche Konzepte einhergingen, konnten die exotischen Stilbauten im Zoo wenn vielleicht auch nicht als Synthese, so doch als Kompromiss dieser beiden Konzepte verstanden werden.[277]

Naturforscher und Zoologen gingen davon aus, dass ein von »Bildern aus seiner Heimat« umgebenes Tier tatsächlich zufriedener sei, die exotistischen Stilbauten kämen also nicht nur den Wünschen des Publikums nach spektakulären Bildern, sondern auch den »Bedürfnissen seiner Bewohner« entgegen und seien daher auch wissenschaftlich begründet.[278] Darüber hinaus könne die Sammlung der Tiere nach geographischer Systematik, die den Ideen der enzyklopädischen Ordnung, Inventarisierung und Katalogisierung von Natur verpflichtet war, den Einfluss eines bestimmten Lebensraumes auf die Vielfalt einer Gattung bzw. die einzelnen Exemplare einer Art sichtbar machen. Der dafür notwendige vergleichende Blick konnte nur durch die Anordnung möglichst vieler Individuen auf möglichst engem, möglichst gut einsehbarem Raum gewährleistet werden, »um das Thier nicht der Beobachtung zu entziehen«[279], wie Wilhelm Böckmann und Hermann Ende festhielten bzw. weil anders »das Beschauen zu viel Zeit beansprucht[e]«[280].

Nach allen Seiten hin offene Käfige widersprachen zwar den Erkenntnissen der zeitgenössischen Tierphysiologie und -psychologie – für die Technik des klassifizierenden Überblickens jedoch waren sie unabdingbar. Häufig »auf freie Anhöhen gestellt, wo sie von allen Seiten sichtbar« waren, wurden sie von Kritikern als »›Folterkammern‹ für unschuldige Thiere […], wie das grausame Mittelalter sie nur immer für Verbrecher erfand«, beschrieben. Fehlende Rückzugsmöglichkeiten, Zugluft und Sonneneinstrahlung verursachten, dass »alles, was dahinein gebracht wurde, [starb]«.[282] Doch auch die Ersetzbarkeit der Individuen hatte System, ging es doch bei dieser Taxonomie gerade um die Vorstellung von repräsentativen, austauschbaren Serien, nicht um das Zeigen wertvoller, außergewöhnlicher

Einzelexemplare. Es waren gleichermaßen die Imaginationen eines urbanen Massenpublikums wie die Modernitätsideen der neuen bildungs- und wirtschaftsbürgerlichen Elite, die in jenen »Tierpalästen« zur Abbildung gelangten und sie tatsächlich zu »Traumhäusern des Kollektivs« werden ließen. Als solche wiesen sie erstaunliche Analogien zu einer anderen Institution auf, die zur gleichen Zeit eine Konjunktur erlebte: dem modernen Warenhaus.[283]

Passagen des Exotischen. Die Ästhetik des Konsums

»Es gibt vier Herrscher Berlins, ungekrönte Kaiser, deren gestrenges Regiment nichtsdestoweniger aber allenthalben anerkannt wird«, schrieb Leo Colze 1908 in seinem Beitrag zu der Reihe *Großstadtdokumente*, einer als soziologischer Reiseführer konzipierten Textsammlung, in der die Errungenschaften der Berliner Moderne, aber auch die Folgeprobleme der urbanen Modernisierung zur Sprache kommen sollten.[284] »Diese ungekrönten Herren«, so Colze weiter, »sind die Warenhäuser [...]. Mit der Entwicklung Berlins zur Großstadt, zur internationalen Weltstadt, ist auch die Entstehung moderner Geschäftspaläste eng verknüpft.«[285] Für die ungeheure Attraktion dieser neuen Institutionen fand Colze das Bild des Ventilators, »in dessen weitgeöffnete[m] Rachen groß und klein, alt und jung, Männlein und Weiblein verschwinden, dessen Saugkraft alle in sich hineinzog«[286].

In Berlin ging der »Kaufhaus-Rummel« im Vergleich zu Westeuropa, vor allem zu Frankreich, erst spät los. Existierten in Paris riesige Geschäftspaläste bereits seit der Mitte des Jahrhunderts – die beiden größten Warenhäuser, Bon Marché und Louvre, waren 1852 bzw. 1855 gegründet worden –, gab es bis in die 1880er Jahre in Deutschland keine derartigen Einrichtungen. 1885 eröffnete Leonhard Tietz in Wuppertal-Elbersfeld das erste Kaufhaus französischer Prägung in Deutschland, Berlin konnte erst kurz vor der Jahrhundertwende mit der Errichtung der Häuser von Wertheim (1894 Oranienstraße, 1896 Leipziger Platz) und, etwas später, dem Kaufhaus des Westens (KaDeWe) die ersten derartigen Institutionen aufweisen.[287] Diese waren für Berlin nicht nur als große Wirtschaftsunternehmen von Bedeutung, sondern auch in ihrer Qualität als Orte öffentlicher Urbanität. »Wie ein Symbol der gewaltigen Ausdehnung, die Berlin in den letzten Jahrzehnten genommen und es in die erste Reihe der Weltstädte gerückt hat, repräsentiert sich im Zentrum Berlins, am Alexanderplatz, der imposante Bau des Warenhauses Tietz«,[288] hieß es in einer Werbebroschüre, in der Großstadtleben und die neue Kaufhauskultur in Zusammenhang gebracht wurden – eine Kaufhauskultur, die für jedermann offen schien:

»Da ist die Firma A. Jandorf & Co mit ihren Geschäften an den Zentren eines überaus regen Verkehrs der Arbeiterbevölkerung. Das Warenhaus des kleinen Mannes. Die Geschäftsführer der Firma Hermann Tietz befriedigen den Bedarf des Mittelstandes, ebenso wie die Geschäfte der Firma A. Wertheim, mit Ausschluß ihres Hauses in der Leipzigerstraße, das ein reines Luxuswarenhaus ist und neben dem modernen Kaufhause des Westens, im neuen Berlin W. gelegen, für die kaufkräftigsten Kreise Berlin Ws. bestimmt ist.«[289] Vom »kleinen Mann« bis hin zu den »kaufkräftigsten Kreisen« der Stadt bestimmten die Warenhäuser die städtische Alltagskultur. Und wenn die neuen Warenwunderwelten auch bei weitem nicht von allen Berlinern und Berlinerinnen konsumiert werden konnten – an dem von ihnen wesentlich mitgestifteten Diskurs des Staunens und Träumens nahmen sie alle teil.

Wenn daher in Folge Warenhaus und Tierhaus vergleichend in den Blick genommen werden, geht es (nicht zuletzt aufgrund der, wenn auch geringen, zeitlichen Differenz ihrer Entstehung) nicht darum, das eine als »Stilvorbild« für das andere heranzuziehen, sondern vielmehr zu zeigen, wie im Zoo Kulturen des Konsums mit wissenschaftlich begründeten Ausstellungspraktiken in Beziehung standen und wie sehr der in den Konsumwelten des urbanen Raumes geschulte Blick der Besucher mit den Wahrnehmungsregimes im Zoo korrespondierte.

An zentralen Punkten der Stadt erbaut – oder sie dahingehend neu kartographierend –, erschienen die riesigen Warenhäuser selbst wie Schlüsselstellen zum Verständnis der modernen Metropole, die sie gleichermaßen prägten wie veränderten. Der Thesaurus des Kaufhaus-Rummels war – ähnlich dem der neuen Zoo-Architektur – inspiriert von sakral-religiöser Metaphorik. Bei einem Spaziergang durch Berlin-Wilmersdorf passierte der Schriftsteller Arno Holz »links eine Kathedrale, rechts ein[en] griechische[n] Tempel, im Hintergrund eine birmanische Pagode. Die Kathedrale ein Warenhaus von Wertheim, der Tempel ein Ausschank von Aschinger, die Pagode eine Filiale vom Berliner Lokal-Anzeiger«[290]. Und es ist kein Zufall, dass gleich daneben, fast an Holz' Route, aber dennoch verdeckt durch Absperrungen und hohe Bäume, noch eine Pagode stand, noch ein Tempel erbaut worden war, sich Kathedralen des Exotischen befanden, in denen – im Berliner Zoo – Elefanten, Vögel und Raubtiere wohnten.

Auch die in den Warenhäusern einzuübenden Geh- und Sehpraktiken des Flanierens fanden massiv Eingang in die kulturelle Codierung des neu umgebauten Zoos. Die Präsentationstechniken der Tiere wiesen Inszenierungen der visuellen Wahrnehmung auf, die die zum Durchgehen bestimmten Tierhäuser im Zoo und die Schaufensterreihen der Warenhäuser, die an ihre Verwandten, die Passagen, erinnerten, gleichermaßen als Heterotopien einer fantastischen Welt konstruierten. »Eben als Passage ist der Durchgang zugleich auch der Ort, an dem sich wie kaum sonstwo die Reise darstellen kann, die der Aufbruch aus dem Nahen zur Ferne ist und Leib und Bild miteinander verbindet«, schrieb Siegfried Kracauer.[291] Als Orte, »wo die Kultur aufhört«, bezeichnete ein anderer zeitgenössischer Autor 1894 die Kaufhäuser, in denen sich »Wildnis und Weltstadt, diese äußersten Pole [...] seit vierzig Jahren« begegneten.[292] Während in den alten Krämerläden – Wunderkammern vormodernen Einkaufens – »die erdenklichste Unordnung« herrsche, fände man in den modernen Kaufpalästen ausschließlich »großartige Organisation«[293]. Und tatsächlich stellten die großen Warenhäuser Schnittstellen zwischen Natur und Kultur dar, deren Ästhetik für die Produktion des Natürlichen im Zoo zentral wurde.

Das Haus für die Großkatzen etwa, nicht umsonst »Raubthiergallerie« genannt, glich durch seine enorme Aneinanderreihung von Käfigen tatsächlich einer der Galerien in den großen Warenhäusern. Im Hintergrund der dazugehörigen Halle, die als »Schauraum für das Publikum« bestimmt war, standen Bänke, schräg über den Käfigen waren Blumengehänge angebracht, der Raum mit Palmen und anderen Pflanzen verziert. Jedes Detail war sorgfältig ausgeführt, und wie in den großen Kaufhäusern die Initialen oder Bildmarken des Hauses sich als Details in Türknäufen oder

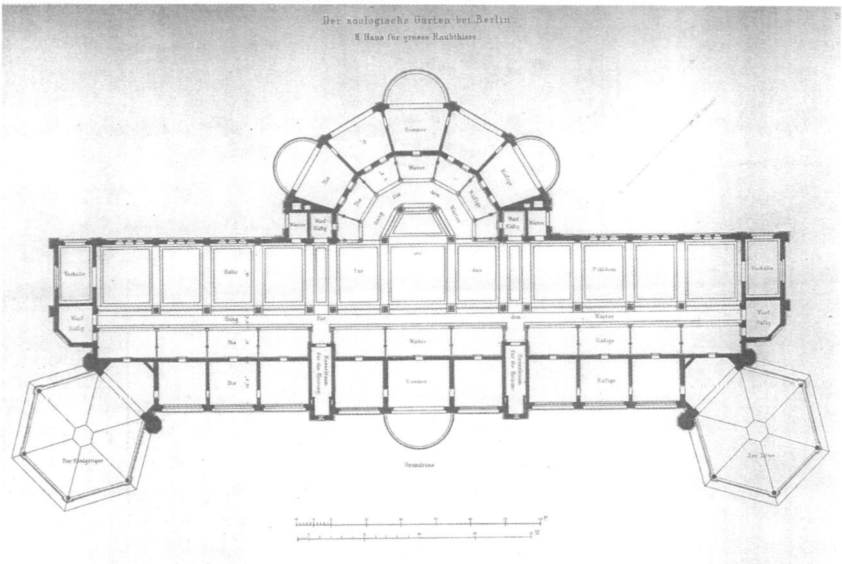

Abb. 12: Haus für große Raubtiere (»Raubthiergallerie«), Grundriss.

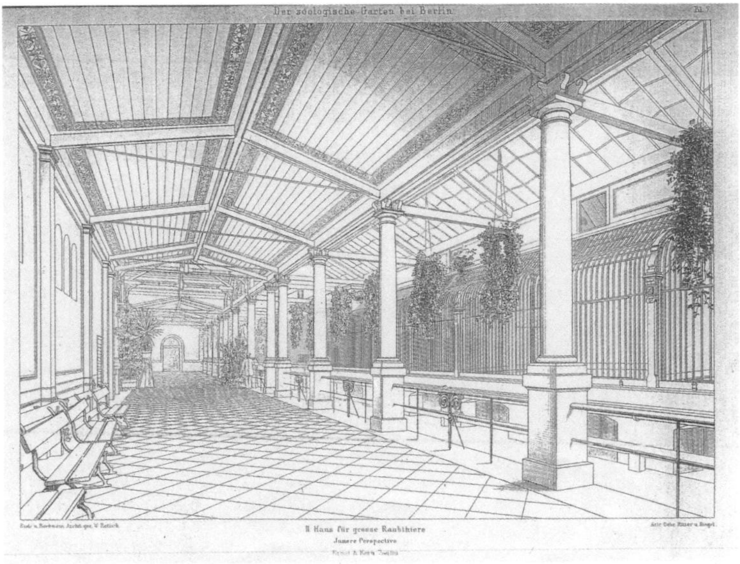

Abb. 13: Haus für große Raubtiere (»Raubthiergallerie«), innere Perspektive.

auf Stiegenaufgängen wiederholten, »charakterisierte« etwa im Raubtierhaus »die obere Ventilationsöffnung, in ihrer Form an die Königskrone erinnernd, [...] diesen Pavillon als bestimmt für die Könige der Thiere, den Löwen und den Tiger«[294].

Das Antilopenhaus besaß durch seinen ovalen Grundriss einen »Pflanzenraum« und eine »Vorhalle«, die sich in der Mitte des Rundes befanden und, von »maurischen« Säulen, Bögen und Rundfenstern durchbrochen, von einer hohen, gewölbten Decke in Form einer Eisen-Stahl-Konstruktion überspannt wurden. Die zentralen Innenräume der Warenhäuser wiesen ganz ähnliche architektonische Gestaltungsweisen auf. Ein Atrium, das alle Stockwerke des Hauses durchzog, als Prunkhalle mit Lüstern, Säulen, Bögen und Pflanzen konzipiert war und durch eine ebensolche, typische Glas-Eisen-Konstruktion abgeschlossen wurde, kennzeichnete als gestalterisches Grundprinzip einen Großteil der zeitgenössischen Warenhäuser.

Die Präsentationstechniken der Tiere, die um jene atriumartigen Räume untergebracht waren, korrespondierten darüber hinaus eng mit der spezifischen Qualität der Darstellung und Anpreisung der oft noch nie gesehenen, ob ihrer schieren Vielfalt und Quantität beeindruckenden Waren in den Kaufhäusern, die dennoch alle einer bestimmten Sorte zugeordnet werden konnten. Jene waren, gemäß der systematischen Ausstellungsweise, unmittelbar nebeneinander platziert, entweder kreisförmig, wie etwa im Antilopenhaus, dem »maurischen Tempel«, oder in einer lan-

Abb. 14: Kaufhaus A. Wertheim, Pflanzenraum.

gen geraden Reihe wie in der »Raubthiergallerie«. Die neuen exotischen Tierhäuser waren, dem Grundprinzip der taxonomischen Sammlung entsprechend, zum Durchgehen bestimmt, sie konnten von einer Seite zur anderen durchschritten werden. Entlang der »Halle für das Publikum« waren die Großkatzen in einzelnen Käfigen auf einer Länge von beinahe sechzig Metern aneinandergereiht. Der Eindruck einer scheinbar endlosen Folge von Tierbehausungen entlang der Galerie ergab sich durch insgesamt vierzehn Sommerkäfige und achtzehn Winterkäfige, in denen die Tiere ausgestellt waren.[295] Die Architekten stellten dazu fest, dass »die stets rege Lebendigkeit« der Raubtiere, »die imposante Kraft ihrer Erscheinung, in Verbindung mit der, namentlich bei der Fütterung sich äußernden ungebrochenen Wildheit ihres Wesens [...] fortdauernd neue Reize für den Beobachter [bieten]. Aus diesem Grunde ist bei der Aufstellung des Plans ein unverhältnismäßig großer Zuschauerraum in Form einer langen Halle von 58,06m Länge und 5,65m Breite angeordnet worden. An Sonn- und Festtagen reicht trotzdem derselbe kaum aus.«[296] Das Antilopenhaus hatte Platz für zwanzig verschiedene Arten, abgesehen von Giraffen, Quaggas, Zebras, Gazellen und Gnus waren laut der Pläne von Ende und Böckmann Käfige für elf verschiedene Antilopenarten vorgesehen.

Das Schlendern durch den Zoo hielt geschickt inszenierte Analogien zum Gang entlang städtischer Schaufensterfronten bereit – ein Blick in diese Auslage, ein Blick in jenes Gehege. Die scheinbare Vollständigkeit der Sammlung in Bezug auf die Repräsentanten einer Gattung erinnerte an die neuen Kaufhäuser als Orte, die die extravagantesten, oft noch nie gesehenen Dinge »unter einem Dach« anboten.

Könnte man die Nähe von Tier- und Kaufpalast architektonisch über die dominierende Glas-Eisenkonstruktion bestimmen, die den zentralen Teil des Gebäudes über einem Atrium/Lichthof organisierte, liegt die eigentliche Parallelität doch in den Techniken des Ausstellens der jeweiligen Schauobjekte und den dazugehörigen Inszenierungen der Blickregimes, wie in Folge anhand der Lichtführung eingehender argumentiert werden soll: »Was in erster Linie den Besuchern auffällt«, hieß es in einem Text über die Ausstattung der neuen Kaufhäuser, »ist die reichliche Beleuchtung im Innern«.[297] Gleichzeitig würden die »lichtdurchfluteten Schaufenster« an der Außenfront »nicht nur zum Kauf anreizen, sondern auch rein zu unserem ästhetischen Sinn sprechen«.[298] Das künstliche Licht war zu einem »wichtige[n] Element« im urbanen »Kulturleben« geworden, das dadurch nicht nur »an Schnelligkeit gewonnen«[299] hatte: »Seit der Erfindung des Gaslichtes hat unser Abendleben eine unbeschreibliche Steigerung erfahren; unser Pulsschlag ist beschleunigt, unser Nervenreiz erhöht worden; wir haben unsere Miene, Haltung und Sitten ändern müssen, weil sie für ein anderes Licht berechnet werden mußten.«[300] Hatten auch die Tiere mit der Einführung künstlichen Lichts »Miene, Haltung und Sitten« ändern müssen?

Für Ende und Böckmann jedenfalls spielte »in den Ansprüchen an ein gutes Haus […] die Beleuchtung […] die wichtigste Rolle«[301]. Diese sollte »derart gewählt« sein, »dass man aus einem im Lichte gedämpften Vorraum in den Umgang für die Besucher kommt, welcher von dem zentralen Pflanzenhause reichliches Licht erhält. Die Ställe erhalten […] unmittelbare Beleuchtung.«[302] Für die Inszenierung war es von großer Bedeutung, den »Raum für die Besucher […] gedämpfter zu beleuchten wie [denjenigen] für die Thiere, weil dadurch die Möglichkeit einer Steigerung des Eindruckes gegeben ist«.[303] Durch den »Contrast«, von Licht und Schatten, von der relativen Dunkelheit, in der sich die Betrachter befanden, und der Beleuchtung, durch die die Tiere exponiert wurden, »entsteht […] ein Reiz, welcher Thier und Mensch gleichmäßig zu Statten kommt«.[304] Die Technik, »den Beschauer soviel wie möglich der Einwirkung des directen Lichtes zu entziehen und ihn von einem indirect beleuchteten Raume in die sonnigen Ställe blicken zu lassen«, entsprach den Präsentationsmodi der Waren in den hell erleuchteten Schaufenstern der Kaufhäuser, auf die die potentiellen Käufer von der dunklen Straße blickten, wenn die Warenhäuser am Abend wie »Märchenpaläste« erleuchtet waren.[305]

Abb. 15: Kaufhaus A. Wertheim, Neubau Oranienstraße, Innenansicht.

Abb. 16: Antilopenhaus, Innenhalle.

Die Perspektive aus der Dunkelheit verweist in beiden Fällen auf den Objektcharakter des Ausgestellten, auf dessen Verfügbarkeit durch jeden der anonymen Betrachter außerhalb. Zwar waren die Tiere in ihren winzigen, aneinandergereihten Käfigen nicht zum Kauf bestimmt, konsumiert wurden sie jedoch allemal. Was von ihnen übrig blieb, waren Bilder, in ihrer Ästhetik nicht allzu weit entfernt von den aneinander, übereinander gestapelten, aufgetürmten Dingen, die in den Schaufenstern und den Katalogen der großen Kaufhäuser zu bewundern waren. Da wie dort bestimmte sich das Angebot in den einzelnen Bereichen über die spezifische Qualität, möglichst viele Variationen einer Art anbieten zu können. Wie im Zoo elf Antilopenarten und vierzig Hirscharten zu sehen waren, gab es bei Wertheim vierzehn unterschiedliche Modelle »garnierte[r] Damenhüte«, dutzende von unterschiedlichen Variationen bestickter Nachthemden, brauner Männerhosen und Handschuhe aus dunklem Kalbsleder, die dennoch alle derselben Grundform/Gattung zugewiesen werden konnten, wurden sie nur in Beziehung zueinander gesetzt und gemeinsam präsentiert.

Die so geschaffene »vernunftgemäße Ordnung des natürlichen Chaos« war ebenso in zeitgenössischen Naturkundemuseen und wissenschaftlichen wie populären naturgeschichtlichen Atlanten zu finden.[306] Sie steht für die traditionsreiche Praxis in der Zoologie, die vor allem seit dem 18. Jahrhundert kontinuierlich zunehmende Unübersichtlichkeit naturkundlichen Wissens zu systematisieren.[307] Dementsprechend verzeichnete etwa der *Systematische Atlas der Naturgeschichte für Schule und Haus*, der »zuerst die Klassen jedes Reiches, dann in allen Klassen die Ordnungen, dann in allen Ordnungen aller Klassen die Familien verfolgt«, auf einer der Tafeln die Nagetiere als sechste Ordnung, die wiederum in acht Familien unterteilt wird, von den Eichhörnchen über die Schwimmfüßer bis zu den Stachelschweinen, die jeweils wieder durch repräsentative Einzelexemplare vertreten sind.[308]

Die wissenschaftliche Klassifikation Nagetier – Eichhörnchen – Rotschwanzeichhörnchen ist der gleichen Logik, den gleichen Techniken der Erfassbarmachung von Welt verpflichtet wie die im Konsumdiskurs praktizierte Klassifikation von Kopfbedeckung – garnierter Damenhut – »Filzhut in Rembrandtform mit Seide, Sammet, Vögel[n] und Agraffe«[309].

Wurden im Kaufhaus die Waren so ausgestellt, dass sie sich den Käufern und Betrachtern möglichst optimal darstellten, stellte man auch die Tiere, »damit [sie sich] dem Besucher gut präsentieren, [...] gern etwas erhöht, Raubtiere bis zu 1,25m, Ein- und Zweihufer, größere Vogelarten etc. 0,3m bis 0,6m hoch«[310]. Auch über den »Anstrich des Hintergrundes der Käfige« existierten genaue Anweisungen: »Wenn es auch, namentlich bei schön gefärbten Thieren, erwünscht erscheint, dem Anstrich gegensätzliche oder

Warenhaus A. Wertheim, Berlin W. 66. 20 **Abteil.: Damenhüte, Erdgeschoss.**

Garnierte Damenhüte.

No. **2111**. **Filzhut**, Capelineform mit Taffet, punktierter Seide und Phantasie . . M. 10.—

No. **2112**. **Filzhut**, Rembrandtform, mit Taffet, Chiffon, Sammetband und Agraffe . . . . M. 8.—

No. **2113**. **Filzbarett** mit Seide, Posen und Agraffe M. 7.25

No. **2114**. **Filz-Toque** mit Sammet, gemusterter Seide und Agraffe . . . . M. 7.—

No. **2115**. **Velpel-Capeline** mit Seidenbandrosetten u. Posen M. 20.—

No. **2116**. **Sammet-Toque** mit Seidenband und Pose . . . M. 15.—

No. **2117**. **Filzhut**, Amazonenform m. Federn, Seidenband und Agraffe . . . . M. 14.—

No. **2118**. **Sammet-Capotte** mit Federn, Jettborte u. Agraffe M. 8.50

No. **2119**. **Filzhut**, Rembrandtform m. Seide, Sammet, Vögel und Agraffe . . . . M. 12.—

No. **2120**. **Filzhut**, Amazonenform mit Sammet, Flügel und Agraffe . . . . M. 8.—

No. **2121**. **Sammet-Toque** mit Seidenband, Jettborte und Agraffe . . . . M. 11.—

No. **2122**. **Filzhut**, Bretonneform mit gemusterter Seide und Pose . . . . M. 4.50

No. **2123**. **Filzhut**, Bretonneform mit Sammet, Taffet und Pose . . . . M. 6.—

No. **2124**. **Filzhut**, Rembrandtform mit Seidenbandrosetten, Jett und Flügel . . . . M. 14.—

In allen modernen Farben lieferbar. Bei Bestellungen wird um Angabe der Farbe des Hutes und der Garnitur gebeten. Auswahlsendungen können nicht gemacht werden.

Abb. 17: Damenhüte, garniert.

Abb. 18: Nagetiere, klassifiziert.

Komplementärfarben zu geben, um das Thier möglichst günstig abstechen zu lassen«, so habe sich, wenn auch »auf Kosten der Gesamtwirkung«, »ein leichter neutraler Ton als das Beste herausgestellt«.[311] Die Wissenschaft, die hier im Spiel ist, ist nicht mehr die Zoologie, sondern die des modernen Kapitalismus, mitsamt seinen Disziplinierungen und Formalisierungen.

Das Erscheinungsbild eines Tieres beschränkte sich nicht länger auf dessen physische Erscheinung, sondern bestand in der Zusammenstellung seines Körpers mit anderen Exemplaren seiner Art – Bedeutung wurde durch Verfügbarkeit und Überfülle generiert. Die Reihen vergitterter Schaufenster, die die Käfige bildeten, waren dabei Manifestationen konsumierbarer Träume, die nicht an der Individualität ihrer Protagonisten interessiert waren, sondern an der Griffbereitschaft ihrer Körper. Die Tatsache, dass die Tiere lebendig waren, wies dabei eine eigenartige Ambivalenz auf. Bestimmte sie sich einerseits als Grundmotiv zoologischer Schaulust, wurde der Zweck eines Zoologischen Gartens von Martin Hinrich Lichtenstein bereits 1847 »ganz parallel zu [dem] einer Museumssammlung« gesehen. Und noch 1874, zur Zeit der Errichtung der neuen Tierhäuser, stellte der damalige Direktor des Berliner Zoos bedauernd fest, dass dort wohl kaum jemals eine ähnliche Stabilität und Zuverlässigkeit erzielt werden könne wie im naturgeschichtlichen Museum.[312] Der für die Zoologen zentrale Anspruch, die Möglichkeit zu vergleichenden Studien nämlich, die die gerade besprochene enge Zusammenstellung bedingte, kontrastierte dabei auf merkwürdige Art mit den Wünschen der Besucher, die das Tier zwar auch nicht »der Beobachtung entzogen« haben wollten, für die jedoch die »kraftvolle Lebendigkeit« des Tieres (die eher in anders gestalteten Schau-Räumen gewährleistet hätte werden können) wichtigstes Kriterium war. Wenige Jahre danach sollte Carl Hagenbeck sich explizit gegen das Konzept des musealen Zoos wenden. Der Tierpark bedeutete für ihn gerade »das Gegenteil eines Museums«, in dem »alles in toter Ruhe verharrt und unverändert bleibt«.[313] Hagenbecks ästhetisch begründete Neuerungen, seine perspektivische Raumdarbietung, die die Tiere in prallem »Leben« und voller »Bewegung präsentiert«, konnte, wie Eric Ames feststellte, »durchaus als Affront gegenüber den starren taxonomischen Prinzipien des Zoologischen Gartens verstanden werden«.[314]

Die »kommerzialisierte Inszenierung des Primitiven, die unumwunden auf den Massengeschmack abzielte«, hatte ihren Anfang jedoch schon lange vor Hagenbeck genommen.[315] Sie wurde, wenn auch in anderer Prägung, auch in den großen Zoologischen Gärten praktiziert. Hagenbecks Unterhaltungsangebot, das »[a]uf paradoxe Weise [...] eine Alternative zu genau jener Form der modernen, technischen und kapitalistischen Industriegesellschaft, deren Möglichkeiten sie ästhetisch so ausgiebig zu nutzen wußte«, propagierte, schrieb sich einerseits direkt in die Traditionen der Zoos des 19. Jahrhunderts ein, indem romantische Fantasiewelten gerade erst mit Hilfe eines – scheinbar völlig absenten – massiven Einsatzes von moderner Technik produziert wurden, positionierte sich jedoch andererseits als radikaler Gegenentwurf dazu:[316] Während Hagenbeck die Idee vertrat, dass die industrielle Moderne ihre Gegenkräfte selbst hervorbringen könne und müsse, stellten die Naturinszenierungen im Berliner Zoo noch eine explizite Verstärkung einer modernen, kapitalistischen Weltsicht dar.[317] In Zoologischen Passagen wurden Tiere seriell vorgestellt, und es schien, also wären Wildnis und Weltstadt dort tatsächlich an der Grenze von Licht und Schatten verschmolzen, die die Betrachter im Dunklen von den hell erleuchteten Fabrikaten trennte.

Im Zoo erschienen die Tiere im Idealfall ganz nach den Wünschen ihrer Betrachter: Dynamisch und prächtig wie im Naturkundebuch, umgeben von spektakulären Kulissen ihrer exotischen Heimatländer, gut beobachtbar, vor neutralen Farben aufgestellt. Ihre eigentliche Natur schien erst durch die Einpassung ins Kulturelle, ihre Authentizität erst durch Manipulation garantiert werden zu können. Bei Wertheim konnte man ihre nicht ganz so fernen Verwandten sogar kaufen: Wenige Seiten nach den »Garnierten Damenhüten« wurden »Künstliche Tiere etc.« angepriesen, die bis in die bürgerlichen Kinderzimmer geliefert wurden.

Wien. Zögerliche Moderne

»Zwingerverein« mit Panorama

In seinem 1878 publizierten zoologischen Standardwerk, den *Naturstudien*, die unter anderem eine Besprechung der Vor- und Nachteile der bedeutendsten zeitgenössischen Tierhaltungen enthielten, um schließlich den idealen Zoo zu entwerfen, verzichtete Philipp Leopold Martin auf eine nähere Besprechung der Schönbrunner Menagerie. Als Begründung gab er an, dass jene »altehrwürdige Menagerie, welche ihr Säkulum längst hinter sich hat«, maximal ein gewisses »historische[s] Interesse« befriedigen könnte, allerdings könne man »ihre nach veralteten Anschauungen begründeten Einrichtungen mit unseren heutigen Erfordernissen nicht mehr vereinbaren, weshalb eine Besprechung derselben für unsere Zwecke ganz überflüssig sein würde«.[318] Martins Urteil entsprach weitgehend der allgemeinen Einschätzung gegen Ende des 19. Jahrhunderts, wonach die Menagerie mit ihren über hundert Jahre alten Logen das Sinnbild einer vergangenen Generation von Tierhaltungen darstellte – nicht zuletzt, weil

Abb. 19: »Künstliche Tiere etc.«

der Begriff des Modernen, »stets in emphatischer Entgegensetzung zum jeweils Alten konturiert, [...] mit seiner Implikation permanenter Erneuerung und Selbstüberbietung« aufs Engste mit der »Idee des Großstädtischen« verknüpft war[319], einer Idee, die in der Schönbrunner Menagerie keinen Platz hatte.

Das Kriterium der Modernität von Tiergärten war ein häufig unscharfes, vielfach unsystematisch eingesetztes. Oft diente der Begriff als strategisch verwendete Kampfvokabel, die auf dem großen Feld der populären Naturkunde um 1900 innovative Ansprüche kennzeichnen, Territorien abstecken und konkurrierende Konzepte gegeneinander verteidigen sollte. Es geht im Folgenden nicht darum, anhand von Quellen einen vollständigen Kanon zoologischer Modernität aufzuspüren, an dem entlang die Institutionen in modern und unmodern geschieden wurden; vielmehr soll versucht werden, den Einsatz des Begriffs der Modernität als Spielmarke im Diskurs um populäre Naturkunde und städtische Freizeit nachzuzeichnen. Oliver Hochadel hat für Wien die Überlagerung und Zirkulation der dabei ins Spiel kommenden Argumente und Strategien gezeigt, die eine breite Medienöffentlichkeit, die zoologische Fachöffentlichkeit und die Hofbürokratie mit- und gegeneinander verhandelten.[320]

Seit 1879 bekleidete Alois Kraus – zunächst provisorisch – das Amt des Leiters der Schönbrunner Menagerie. Schon von Beginn seines Wirkens in Schönbrunn an hegte er Ambitionen, die Menagerie zu modernisieren und die Haltungsbedingungen für die Tiere zu verbessern. Dennoch zeigt der Prozess seiner diesbezüglichen Versuche, von den ersten Überlegungen hinsichtlich Veränderungen und Umbauten bis hin zum tatsächlichen Ergebnis die Ambivalenzen, von denen die Schönbrunner Menagerie geprägt war. Kraus bewegte sich in seiner Kommunikation mit verantwortlichen Stellen stets auf dem schmalen Grat zwischen beherzt formulierten Forderungen nach Veränderung und den administrativen Formalitäten, die der strikt einzuhaltende Dienstweg verlangte. Dieser ließ keinen wirklichen Raum für Diskussionen, sondern basierte im Wesentlichen auf der grundsätzlichen Folge von Antrag und Bescheid: Kraus unterzeichnete mit »der ehrfurchtsvollst Gefertigte«, der stets detailreich »gehorsamste Anzeige« darüber erstattete, wie dieser oder jene »hohe Auftrag« erfüllt worden sei. Die Behörde, mit der er es dabei zu tun hatte, war das Obersthofmeisteramt, dessen Leiter, dem Obersthofmeister, die Verantwortung für sehr unterschiedliche Bereiche oblag, denen jedoch gemeinsam war, dass sie sämtlich mit kaiserlicher Repräsentation zu tun hatten: Die Überwachung des Zeremoniells zählte ebenso zu den Aufgaben des Obersthofmeisters und seines Beamtenstabs wie die Organisation der Reisen des Kaisers; neben der Verwaltung der hofeigenen Gebäude, Burgtheater und Hofoper eingeschlossen, kümmerte sich die Behörde um die Hofkapelle, die kaiserliche Jagd, die Gärten und Parkanlagen.

Trotz des Einflusses des mächtigen Obersthofmeisteramts wurde bereits in der Vorphase der Umbauten, die in den 1880er Jahren begannen, deutlich, dass Kraus sich in seinen Vorstellungen zur Umgestaltung durchaus vom umfassenden höfischen Einfluss emanzipieren und sich an den internationalen Maßstäben der Tierhaltung und des Zoodesigns orientieren wollte. Der von Kritikern auch noch nach dem Umbau teilweise festgestellte Mangel an Innovationsfreudigkeit oder Radikalität der Maßnahmen lässt sich jedenfalls keineswegs durch Kraus' Ignoranz aktueller Entwicklungen erklären. Nicht nur das *Verzeichnis der vom Menagerie-Inspector Kraus aufbewahrten literarischen Fachwerke und Zeitschriften* belegt, dass Kraus die gesamte einschlägige Fachliteratur ebenso wie populärwissenschaftliche Texte natürlich gekannt hatte.[321] Kraus unternahm auch Reisen zu den bedeutendsten zeitgenössischen Zoos – unter anderem nach Berlin –, um sich ein Bild über die Möglichkeiten zu machen, die er hinsichtlich der Aus- und Umbauten im Vergleich dazu in Schönbrunn hatte und war Mitglied mehrerer wissenschaftlicher Vereinigungen, wenngleich er nicht selbst publizierte oder Vorträge hielt.[322]

In einem Memorandum schätzte Franz Steindacher, Direktor des k.k. zoologischen Museums, 1880 die Situation der Menagerie ausgesprochen negativ ein. Zunächst müsse ein genauer Vergleich mit anderen Zoologischen Gärten erfolgen, aus dem hervorgehen sollte, wie die kaiserliche Tierhaltung »entsprechend zu reformiren wäre und wie hoch die Kosten zu einer radicalen Umwandlung kämen«.[323] Die radiale Anlage der Menagerie ebenso wie »die Anordnung der Thierhäuser an der Peripherie eines Kreises« hielt Steindacher für »ganz veraltet und verfehlt«, »nicht wenige« der Tierhäuser seien »geradezu widersinnig gebaut und eingerichtet«. Steindacher kam schließlich zu dem Schluss, dass auch »eine Vergrößerung dieser Gebäude der Höhe und Länge nach [...] diesen Übelständen keine hinreichende Abhilfe verschaffen [könne], da es auch an der nöthigen Breitenausdehnung fehlt«. Außerdem würden die Kosten, die eine Modernisierung der Anlage unter Einbeziehung der vorhandenen Bausubstanz hervorrufen würde, »die Höhe eines Neubaus erreichen. [...] Doch abgesehen von dem Kostenpreise entstünden selbst durch zweckmäßige, daher in gewisser Beziehung allenfalls empfehlenswerthe Zubauten, wie sie der ergebenst Gefertigte sich denkt, Reihen äußerlich unförmlicher, allem guten Geschmacke Hohn sprechender Thierhäuser.« Schließlich kam Steindacher zu der Auffassung, dass »eine gründliche Besserung der bestehenden Verhältnisse nur dadurch erreicht werden [kann], wenn die kreisförmige Anordnung der Thierhäuser mit Ausnahme weniger Objekte [...] aufgegeben wird«.[324]

Konkret schlug Steindacher also die Schleifung des gesamten barocken Menageriekerns vor, der seiner Ansicht nach jeglicher Modernisierung von vornherein im Weg stünde. Die – weit pragmatischeren – Verbesserungsvorschläge freilich, die Kraus dem Obersthofmeisteramt im Februar 1880 offiziell präsentierte, sahen gänzlich anders aus: »Bei der Verfassung dieses Berichts sowie Anfertigung des entworfenen Planes war der gehorsamst Gefertigte von dem Motive geleitet, das Ein hohes Kaiserlich Königliches Obersthofmeisteramt die Aufrechterhaltung des gegenwärtig bestehenden Radial-Systems wünsche«, schickte Kraus gleich zu Beginn voraus. Diesen Punkt erwähnte er auch in seinem wenige Tage später nachgeschickten Memorandum, das vom Obersthofmeisteramt nicht gefordert war und darauf hindeutet, dass Kraus sehr wohl auch ein persönliches Interesse an den Umgestaltungsmaßnahmen hatte. Die Menagerie sollte um einen Teil des angrenzenden Terrains erweitert, die Tiere systematisch angeordnet werden, außerdem war die Komplettierung des Tierbestandes und die »zweckmässige Adaptierung« der bestehenden Gebäude geplant.[325]

Wie Ernst Moriz Kronfeld, langjähriger Chronist der Menagerie, später rückblickend beschreibt, sei es Kraus, diesem Plan folgend, tatsächlich geglückt, »mit Rücksicht auf die öffentlichen Verhältnisse [...] aus einem der Barockzeit entstammenden Zwingervereine einen modernen Thierpark«[326] zu machen. Neben der Schaffung neuer bzw. dem Ausbau alter Käfige und Tierhäuser, die Teil des barocken Grundensembles waren, wurden »Durchgänge« geschaffen, die den »zwingerartige[n] Charakter, den die Logen darboten, [...] in glücklichster Weise«[327] beseitigt haben sollen. »Ohne dass der ursprüngliche Bauplan gestört wurde«, schreibt Kronfeld 1891, »mussten die barocken Mauern, welche vom mittleren Rondeau aus 13 Logen eintheilen, fallen, da sie, wie den Verkehr, den Ausblick hemmten. Demnach sehen wir allerwärts von Abtheilung zu Abtheilung Durchgänge geschaffen, und wo vorhin das Auge auf kahles Mauerwerk stiess, da eröffnet sich jetzt ein anziehendes Panorama.«[328] Die Tierpräsentation folgte fortan taxonomischen Kriterien, wenn auch ohne den Artenreichtum oder die spektakulären Präsentationsformen des Berliner Zoos. Die baulichen Maßnahmen bezogen sich hauptsächlich auf Anbauten und Vergrößerungen, änderten jedoch grundsätzlich nichts am Stil der Menagerie und erinnerten kaum an die »zauberischen« Tierpaläste des Berliner Zoos. Zu den wichtigsten baulichen Veränderungen unter Kraus gehörten im Detail die Aufstellung von Volièren und Käfigen im Bereich des Ententeiches für kleinere Greifvögel; die bereits erwähnte Ersetzung der Radialmauer des Logenkreises durch Gitter; die Schaffung eines Rundweges zwischen den Tierhäusern und ihren Ausläufen, sodass die Tiere auch von der Rückseite der Gehege aus und in ihren Häusern beobachtet werden konnten; die Errichtung von Gehegeanlagen zu beiden Seiten der Schlossallee; die Neuadaptierung des Elefantenhauses; der Bau eines Hauses für Tapire und verschiedene Schweinearten; der Neubau des Affenhauses; der Neubau eines Hauses für Flusspferde und Nashörner; der Neubau einer Hirschanlage; die Schaffung einer großen Aquarienabteilung im Sumpfvogelhaus sowie der Neubau einer Bergwiederkäueranlage auf einer zum Glorietteberg ansteigenden Ausbaufläche im Südosten des Affenhauses.[329]

Vielfach reklamierte Neuerungen wie etwa die künstliche Beleuchtung des Gartens oder der Tierhäuser wurden jedoch nicht eingeführt: Als die Menagerieinspektion – ohnehin erst 1907 – die Beleuchtung des Straußenhauses »zum Zwecke der Befriedigung der Schaulust der Besucher« beantragte, folgte als Antwort ein negativer Bescheid, der Auswirkungen auf die Gesundheit der Tiere durch das künstliche Licht befürchtete. Ein weiteres Schreiben vom 26.2.1907 hatte einen Ablehnungsbescheid auch des Obersthofmeisteramtes zum Inhalt, der das Ansuchen mit dem Argument ablehnte, dass alle übrigen Tierhäuser auch nicht beleuchtet seien.[330] Kraus hatte sich in seinem Umbauprogramm prinzipiell zwar zweifelsohne stark an den Konzepten der großen europäischen Zoos orientiert; die Umsetzung führte jedoch nicht zu einer ähnlich radikalen Zäsur wie wenige Jahre zuvor in Berlin. Mit Ausnahme von Kronfeld, der nun von einem »modernen Thierpark« sprach, hielt die Mehrzahl der Chronisten an der Benennung des Instituts als »Menagerie« fest, die nach wie vor auf einer »primitive[n] Stufe der Thierhaltung« stehe und nichts anderes sei als ein »Wahrzeichen [...] mittelalterliche[r] Thierzwingburgen«[331].

Ludwig Heck sollte wenige Jahre später eine Reihe von Anforderungen formulieren, die in ihrer Zusammenstellung einen Katalog der Modernität in Bezug auf Zoologische Gärten ergaben. Als die »höchste[n] Ziele« eines »modernen Zoologischen Gartens« erachtete Heck nicht nur die »übersichtliche, belehrende Anordnung« des »naturgeschichtlich Zusammengehörigen« und die »Vermehrung des Tierbestandes«, sondern auch die »Weiterentwicklung des Restaurationswesens im größten Stile« und die Abhaltung von »Veranstaltungen aller Art«.[332] Nur in seiner »Doppeleigenschaft als wissenschaftliche Schauanstalt und vornehmes Vergnügungslokal«[333] könne ein Zoo wahrhaft modern sein. Heck beschrieb damit eine Entwicklung, die im Zeitraum der Umbauten der Tiergärten in Wien und Berlin ihren Anfang nahm und um 1900 ihren Höhepunkt erreicht hatte. Die Modernität eines Zoos bedeutete am Ende des 19. Jahrhunderts immer *urbane* Modernität, ging es doch darum, Wissenschaft und Belehrung in den Kontext städtischer Unterhaltungskultur einzubetten. Die Wiener Menagerie galt vielen auch nach den Kraus'schen Umbauten als unmodern und veraltet. In Folge soll jedoch gezeigt werden, dass ein Besuch in Schönbrunn durchaus ein modernes, großstädtisches Vergnügen sein konnte.

»Volksbelustigungen aller Art, Monstre-Concerte, Bälle an allen Ecken« – Das Vergnügen außerhalb

»Die k. k. Menagerie zu Schönbrunn ist ein kaiserliches Hof Institut welches sich im kaiserlichen Lustschloß zu Schönbrunn befindet und gleich anderen Hof Instituten von Sr. Majestät Uns. Allergn. Kaiser erhalten wird, es ist sonach kein Privat Institut oder Unternehmen, wie alle anderen zoologischen Gärten.«[334]

Diese am Ende des 19. Jahrhunderts von der Menagerieinspektion verfassten Zeilen umreißen in wenigen Worten die für das Fehlen von Unterhaltungs- und Vergnügungsmöglichkeiten wesentlichsten Gründe: Das Institut war Sache des Hofes und hatte sich damit also nicht selbst zu finanzieren, war nicht auf Eintrittsgelder zahlender Besucher angewiesen. Es befand sich durch seine Lage im kaiserlichen Schlossgarten bis in die 1890er Jahre nicht nur außerhalb der Grenzen der Stadt, sondern stand mit der Weigerung des Hofes, innerhalb seiner Mauern die von Heck angesprochenen »Vergnügungslokalitäten« und »Veranstaltungen aller Art« zuzulassen, urbanen Lebenswelten lange Zeit wesentlich ferner, als dies im Berliner Zoologischen Garten der Fall war. Am auffallendsten war das Fehlen einer Restauration, die über Jahrzehnte hinweg heftig gefordert wurde. »Allgemein wird der Wunsch laut«, hieß es 1889 in der *Neuen Freien Presse*, »daß nunmehr auch, wie in anderen zoologischen Gärten, ein Restaurant errichtet werde, wo die müden Wanderer sich ein wenig erfrischen könnten. Wenn man Anstand nimmt, das Getümmel einer größeren Gastwirtschaft im Schönbrunner Park zu gestatten, so würde vielleicht eine friedliche Milchmaierei, in welcher sich wenigstens die vielen Frauen und Kinder ein wenig erholen könnten, genehmigt werden.«[335] Doch es kam nicht einmal zur Errichtung eines ruhigen Milchausschanks, geschweige denn zu der eines Betriebes im Umfang der großen Restauration in Berlin mit 20.000 Sitzplätzen.

Die Menagerie sollte weiterhin keine Exklave urbaner Freizeitkultur im privaten höfischen Schönbrunner Park sein. Die Verschließung vor den Begleiterscheinungen des Massenbesuchs war nicht zuletzt ein politisches Signal, war die Menagerie doch ein Ort, der nur wenige hundert Meter vom zumindest zeitweiligen Machtzentrum der Habsburgermonarchie entfernt war. Die politische und kulturelle »Einbürgerung [des] Liberalismus« konnte nicht darüber hinwegtäuschen, dass »die Habsburgermonarchie gerade im 19. Jahrhundert in Europa das antimoderne und anachronistische politische System schlechthin war«.[336] Nimmt man diese Diagnose ernst, nimmt es nicht Wunder, dass es nicht im Interesse des Hofes sein konnte, die Institutionen eines selbstbewussten Bürgertums demonstrativ und buchstäblich vor Augen geführt zu bekommen. Argumente wie die mit dem »Getümmel« verbundene Lautstärke, Platzmangel oder Rücksicht auf die historische Bausubstanz kamen den Verantwortlichen bei der Verhinderung der Einrichtung einer Restauration daher wohl gerade recht. Außerdem wäre, wie Kraus argumentierte, ein Zoologischer Garten nach dem Vorbild Londons, Berlins oder Antwerpens in Wien ohnehin kaum Gewinn bringend: Mit Ausnahme einzelner Institute machten die europäischen Zoos »nur mittelmäßige Geschäfte«, was, so Kraus, vor allem in deren Lage in der jeweiligen Stadt begründet liege. »Die Bewohner einer jeden Großstadt fühlen das Bedürfniß an Sonn und Feiertagen oder auch Abends das Freie aufzusuchen, und ist nicht überall eine Stadt im Besitze von Parkanlagen wo sich selbe frei bewegen können, es bleibt ihnen daher nur der zoologische Garten in welchem sie gegen kleines Entree eine gute Restauration, Musik und andere Belustigungen und nebst all diesem die reichliche Thierwelt verschiedener Welttheile vertreten findet. Wenn man die Verhältnisse und die Lage der verschiedenen zoologischen Gärten in Betracht zieht, gelangt man zu dem Resultate daß all diejenigen Gärten welche in Städten von weniger reizender Umgebung bestehen weit besser Geschäfte machen als diejenigen, welche von der Natur begünstigt eine schöne Umgebung besitzen.« Wien besäße eine solche reizende Umgebung und gehöre zu den Städten, »in welchen ein zoologischer Garten wie schon der Beweis vorliegt [Kraus spielt auf das Scheitern des privaten ersten Pratertiergartens in den 1860er Jahren an] kein rentables Unternehmen bietet und ohne Subventionen des Staates kaum bestehen könnte«.[337] Wenn ein Zoologischer Garten ohnehin aufgrund der schönen Lage der Stadt vom Publikum nicht auf eine Art und Weise angenommen würde, die dessen privatwirtschaftliches Bestehen sicherte, spreche alles für ein staatliches, in diesem Falle kaiserliches Institut, das dann natürlich auch seine eigenen Vorstellungen umsetzen könne. Wien hätte aufgrund seiner hervorragenden Infrastruktur, schönen landschaftlichen Lage und zahlreichen Parks einen Zoo, den abends die Massen stürmen, also gar nicht notwendig.

Bis 1921 gab es daher in Schönbrunn keine Restauration, der erste Spielplatz wurde erst in den 1970er (!) Jahren errichtet. Konzerte »finden natürlich nicht statt«[338], bemerkte Martin schon 1878, von anderen Einrichtungen, die in Berlin gegen Ende des Jahrhunderts zur selbstverständlichen Ausstattung des Zoos zählten, war nicht im entferntesten die Rede. Der Schönbrunner Tiergarten verwirklichte damit eine Idee, die in Berlin schlichtweg undenkbar geworden war: Einen Tiergarten, der nicht »auf dem Programme eines vielseitigen Vergnügungsortes sich aufbaut«.[339] Am Beginn des 20. Jahrhunderts bemerkte Maximilian Siedler in einem Artikel in der Zeitschrift *Der Zoologische Garten* dazu treffend, dass »[d]er Schönbrunner Zoologische Garten [...] nur deshalb bestehen [bleibt], weil er ein kaiserliches Institut ist. Würde der Garten einem Privatmann gehören, so wäre das Unternehmen längst zusammengebrochen.«[340] – Eine Einschätzung, die sich, kaum überraschend, erheblich von der Kraus' unterschied.

Durch das gänzliche Fehlen von Unterhaltungsangeboten in der Menagerie während des gesamten Jahrhunderts gelangten die Kategorien von Innen und Außen zu neuer Bedeutung. Während sich in Berlin das gesamte Freizeitprogramm eines ganzen freien Tages *im* Zoo abspielen konnte – Mittagessen, Ponyreiten, auf dem Spielplatz mit den Kindern, Abendessen auf der illuminierten Terrasse, Konzerte und Bälle –, standen all diese Möglichkeiten in der Schönbrunner Menagerie nicht zur Verfügung. In Hietzing etablierte sich allerdings *außerhalb* des Parks und der Menagerie eine Unterhaltungsindustrie, deren Anfänge bereits um 1800 zu verzeichnen sind. Ernst Moritz Arndt schrieb über »[l]ändliche Musikanten [...], Fratschlerinnen mit Obst, Pflaumen, Pfirsichen, Kuchen, Brod, Wein und Rosolio, [...] wohlausgerüstete Gasthäuser und Garküchen«, die im Anschluss an einen Menageriebesuch zum festen Programmpunkt eines Sonntages in Hietzing gehörten, das mitsamt Menagerie und Schlosspark der »Prater im Kleinen für den Morgen und Vormittag« sei.[341] Von abendlichen Vergnügungen in Hietzing berichtet Arndt jedoch noch nicht. Diese entstanden erst im Vormärz, wohl im Zuge der verkehrstechnischen Erschließung der Gegend. Kurz nach der Aufnahme einer Stellwagenverbindung von Wien aus eröffnete ein gewisser Herr Reiter 1817 ein Kaffeehaus in Hietzing, das anschließend auch durch den seit demselben Jahr verkehrenden Hietzinger Gesellschaftswagen mit Kundschaft versorgt und bald danach in eine Jausenstation umgebaut wurde. 1823 übergab dieser das Geschäft Ferdinand Dommayer, der bis 1832 die benachbarten Gebäude kaufte und nach deren Abbruch sein prunkvolles und spektakuläres *Casino* erbaute, eine Kombination aus Gaststätte und Kaffeehaus, in dem dem Glücksspiel nachgegangen werden konnte und das mit Tanz- und Konzertsälen ausgestattet war. Die *Theaterzeitung* widmete dem ersten dort ausgetragenen »Nächtlichen Sommerfest«, bei dem die »Spitzen der Wiener Gesellschaft« zugegen waren, einen ausführlichen Bericht: »Der Titel entsprach vollkommen den Erwartungen; durch eine goldene, durch unzählige Flammen beleuchtete Sonne, durch eine glänzende, überaus splendide Beleuchtung wurden die Nacht in den hellsten Tag und die wunderschönen Säle in einen wahren Feenpalast aus ›Tausendundeiner Nacht‹ verwandelt.« Das Publikum sei »so reich herbeigeströmt, daß der Raum um das dreifache hätte erweitert werden müssen, um alle bequem aufzunehmen«.[342] Im Dommayer fanden während des gesamten 19. Jahrhunderts neben Konzerten jeden Sonn und Feiertag unterschiedlichste Veranstaltungen wie »Millefleursbälle«, »Rosenfeste«, »Lanners Subskriptionsbälle« und »echte Wiener Reunionen« statt. Nach dem Tod Franz Dommayers ging das Casino 1899 schließlich in den Besitz Paul Hopfners über, der das Etablissement noch bis 1907 in der traditionellen Form weiterführte und es anschließend in das Parkhotel Schönbrunn umbauen ließ.

Neben dem Dommayerschen Casino gab es jedoch unzählige andere Institutionen, die den Besuchern des Schönbrunner Schlossparks und der Menagerie vielfältigste Unterhaltungsmöglichkeiten boten, Theater sowie zahlreiche Restaurationsbetriebe. Eine Einrichtung war jedoch besonders spektakulär und verweist auf eindrucksvolle Weise auf die Verschiebungen des Innen und Außen im Vergleich zum Berliner Zoo. Die sogenannte »Neue Welt«, die sich auf einem riesigen Areal zwischen Hietzinger Hauptstraße, Lainzer Straße und St. Veit Gasse auf dem Gelände eines alten Herrschaftssitzes befand, wurde zu Beginn der 1860er Jahre von einem gewissen Herrn Schwender zu einem Sommervergnügungsetablissement im großen Stil ausgebaut. Dabei ist bemerkenswert, dass ein erheblicher Teil der Unterhaltungen, der im Berliner Zoo als Publikumsmagnet gehandelt wurde, auch dort stattfand, ebenfalls in einer spektakulären Kulisse, die mittels Versatzstücken des Exotischen eine fremdartig-märchenhafte Atmosphäre schuf.

Durch ein Eisenportal, auf dem neben der Aufschrift »Neue Welt« die westliche Hemisphäre abgebildet war, gelangte man durch den »Heiligen Hain« bis an die Schmalseite des Schlosses, das das Zentrum des ausgedehnten Herrschaftssitzes bildete. Teppichbeete aus Hyazinthen und Tulpen durchzogen das Areal, wobei zwischen den echten Blütenkelchen mehr als zehntausend Tulpen aus Glas steckten, die am Abend mittels kleiner Gasflämmchen spektakulär illuminiert wurden. Zwischen der Längsseite des Schlosses und der Parkgrenze an der St. Veiter Straße befand sich das riesige Parterre des Restaurants, auf dessen Terrasse – die damit ähnlich dimensioniert war wie die der großen Restauration im Berliner Zoo – bis zu 10.000 Personen Platz fanden. Dem Schloss gegenüber baute Schwender in den späten 1860er Jahren die sogenannte Alhambra, einen im »maurischen Stil« gehaltenen Holzbau, der mittels zahlreicher Lichteffekte erleuchtet werden konnte und in dessen Mittelbau sich ein Theater befand, das als Sommervarieté genutzt wurde. An beiden Enden des Parkparterres befanden sich Orchesterpavillons, an das Parterre schloss sich eine große englische Gartenanlage an, in deren Mitte sich eine mit Mosaiken ausgelegte Tanzfläche befand. Weiter oben, in Richtung St. Veit, lag ein Feuerwerksplatz, auf dem pyrotechnische Spektakel veranstaltet wurden, außerdem noch eine Arena und ein großes Bühnenhaus.

Die Programmzettel und -ankündigungen der »Neuen Welt« lassen die enormen Ausmaße der Unterhaltungsangebote dieses »[g]rösste[n] und eleganteste[n] Park-Etablissement Wien's«[343] nur erahnen. Schon in den 1860er Jahren fand täglich, mit Ausnahme von Freitagen, ein Maskenball statt, jeden Sonn- und Feiertag stand ein dreistündiges »Vormittags-Promenade-Concert« auf dem Programm. Daneben gab es noch zahlreiche besondere Veranstaltungen, wie etwa die Sommerfeste inklusive »grosse[r] Illumination der ALHAMBRA, der Blumenterrasse und des Parkparterres [...], bengalische[r] Beleuchtung der Alhambra-Türme und des rückwärtigen Parkes«.[344] Darüber hinaus gab es »internationale Herbst-Manöver«, die »N. W. Kirchweihfeste«, »Volksbelustigungen aller Art, Monstre-Concert[e], B[ä]ll[e] an allen Ecken, ungarische Czarda«, Veranstaltungen rund um den »steirische[n] Weinschank«, Hunde-Wettrennen, Fesselballonfahrten und »Künstler-Vorstellungen im gr. Theater«, die etwa von »Herrn Hermann, Parterre-Springer in Vor- und Rückwärts-Saltomortale«, Herrn Franz, seines Zeichens »Luft-Gymnastiker und Clown«, »Herrn Louis, Zahn-Athlet«, Karlo, dem »kleinsten Gymnastiker der Welt« und – zum »letzten grossen Weltausstellungsfest« als spezielle Gäste geladen – den »südamerikanischen Negern Pastor & Anderson« bestritten wurden – all das »auch bei ungünstiger Witterung«.[345]

Die »Neue Welt« bestand nur gut zwanzig Jahre – nach Schwenders Tod 1883 wurde das Areal verkauft, anschließend parzelliert und verbaut. Sie war jedoch eine jener Institutionen des späten 19. Jahrhunderts, die als Gegenorte des städtischen Alltags und damit gleichzeitig als Bestandteil urbaner Kultur fungierten. Alles, was in Berlin zum Vergnügungskanon *im* Zoo gehörte, inklusive der Kulissen, die diese Unterhaltungen nicht nur rahmten, sondern in ihrer spezifischen Qualität überhaupt erst ermöglichten, entstand zur gleichen Zeit in Hietzing in sehr ähnlicher Ausformung beinahe unmittelbar *außerhalb* der Menagerie. Die dortigen Lokale und Etablissements übernahmen in vielen Fällen die Funktionen ähnlicher Orte im Berliner Zoo: Während etwa die »Neue Welt« eine fantastische, fremdartige Umgebung »wie aus Tausendundeiner Nacht« bot (und damit auch ähnliche Beschreibungsformen wie die exotischen Tierhäuser in Berlin mitsamt der Atmosphäre, die sie schufen, hervorbrachte), traf man sich im Dommayer zum Sehen und Gesehen-Werden, ähnlich wie im feinen Kaisersaal der großen Restauration in Berlin. Genauso existierten jedoch Ausflugslokale für die »einfacheren Personen«, die sich dort um weniger Geld unterhalten konnten, wie es z. B. für die Waldschenke im Berliner Zoo explizit vorgesehen war.

Während in Berlin großstädtische Freizeitkulturen zu einem ökonomisch wie symbolisch integralen Bestandteil des Zoologischen Gartens wurden, fand in Wien eine beinahe entgegengesetzte Entwicklung statt. Der kaiserliche Schlosspark mitsamt der Menagerie sorgte für eine Veränderung urbaner (Freizeit-)Topographie. Während in der deutschen Hauptstadt verschiedenste Entwicklungen der Stadt das Erscheinungsbild und die Bedeutungen des Zoos massiv beeinflussten, begründet einerseits durch bürgerliche Bestrebungen, sich den Stadtraum im Kleinen symbolisch anzueignen, andererseits durch die Wünsche des Publikums, das urbane Vergnügungen direkt im Zoo forderte, wirkte in Wien die Anziehungskraft der Menagerie umgekehrt vor allem auf die Entwicklung der Stadt. Die Freizeitkultur, die in Hietzing schon seit Beginn des 19. Jahrhunderts existierte, seit den 1860er Jahren aber in großem Rahmen erweitert wurde und an Bedeutung gewann, war untrennbar mit der Menagerie und dem Park verbunden und führte nicht nur zum Ausbau des öffentlichen Verkehrs und der Erschließung neuer, exklusiver Wohngebiete rund um die Hietzinger Hauptstraße. Die tausende von Menschen, die täglich, vor allem an Sonn- und Feiertagen, von Wien nach Hietzing strömten und dort flanierten, aßen, tranken und tanzten, veränderten die gesamte Physiognomie der Gegend und prägten damit die Stadtentwicklung unmittelbar mit.

Die individuellen Programm- und Tagesabläufe, die sich mit einem Ausflug in die Schönbrunner Menagerie verknüpften, konnten sämtliche Stationen und symbolische Konnotationen enthalten, mit denen Besucher des Berliner Zoos ihren Aufenthalt dort verbanden. Die Unterhaltungsindustrie, die sich in Hietzing seit etwa 1860 auszubilden begann, stellte nicht nur eine Ergänzung zur Menagerie dar, die zum Teil dort absente Mechanismen der Erklärung und Bewältigung des Fremden aufnahm, sondern folgte, in dieser Form sogar schon relativ früh, den typischen Regeln und Mustern populärer urbaner Freizeitgestaltung. In beinahe allen Schilderungen, die von Menageriebesuchen aus dem 19. Jahrhundert erhalten sind, erscheint der Aufenthalt im Tiergarten als Teil eines Ausfluges oder einer Landpartie, zumeist kombiniert mit anderen Programmpunkten wie dem Besuch von Restaurants, Cafés oder Tanzlokalen in Hietzing oder im Prater am Abend.[346] Ein Menageriebesuch in der zweiten Hälfte des 19. Jahrhunderts in Schönbrunn war demnach keineswegs per se unmodern, sondern im Gegenteil versehen mit allem, was auch in anderen Großstädten der Zeit zu einem Besuch im Zoo gehörte.

Ungeachtet dessen war es schließlich Friedrich Knauer, der Überlegungen anstellte, wie Wien zu einem prestigereichen eigenen Zoologischen Garten verholfen werden konnte. Sie mündeten in die Gründung des (zweiten) Pratertiergartens, der 1894 eröffnet wurde. Seine Geschichte ist eine Geschichte der großen Erwartungen: Die der bürgerlichen Öffentlichkeit in Wien, heftig unterstützt durch die Presse, auf diesem Weg zu einem weiteren, bürgerlichen, »fashionablen Vergnügungsort« zu kommen; die Knauers, der meinte, aus den Fehlern anderer derartiger Institutionen gelernt zu haben, und der nun zu wissen glaubte, worüber ein Zoo, dem ein möglichst umfangreiches Massenpublikum zugeführt werden sollte, verfügen müsse, um erfolgreich zu sein; aber schließlich auch eine Geschichte der enttäuschten Hoffnungen, da der sogenannte Wiener Thiergarten nach nur wenigen Jahren 1895 in Konkurs gehen musste.

»... immer mit der Geschmacksrichtung des großen Publicums rechnen« – Der Pratertiergarten

Angesichts seiner Überzeugung, dass Wien mit der Schönbrunner Menagerie allem Anschein nach in den nächsten Jahrzehnten keinen wahrhaft modernen Zoo aufweisen würde können, machte sich Friedrich Knauer 1893 Gedanken *Zur Gründung des neuen Wiener Thiergartens.*

Er war nicht der Erste, der dem »höfischen Institut« in Hietzing einen »modernen Thiergarten« entgegensetzen wollte. 1863 wurde der Tiergarten am Schüttel eröffnet, der »das erste derartige Institut in dem Kaiserthume Österreich« darstellte, das »[s]einer Aussenseite nach [...] ein Vergnügungsort« war, »in dem die Bevölkerung der Stadt ihre Erholung sucht, und in dem sie neben der Befriedigung der gewöhnlichen Ansprüche an einen Vergnügungsort durch eine Reihe von Sehenswürdigkeiten aus der Natur angenehm belehrend angeregt wird«. »Seinem Kerne nach«, hielt der Gründer jenes Instituts, Gustav Jäger, in klassischer bildungsbürgerlicher Tradition fest, »ist der Thiergarten somit eine Bildungs-Anstalt für Alt und Jung, Gross und Klein, eine Anstalt, wo man im Geniessen lernt, das Angenehme mit dem Nützlichen verbindet; eine Anstalt, in welche jeder Besucher mit dem Bewusstsein eintritt, dass er es ist, welcher sie mit erhält: eine wahre Volksanstalt.«[347]

Nachdem Jägers Institut aus finanziellen Gründen 1866 gescheitert war, machte es sich Friedrich Knauer drei Jahrzehnte später zur Aufgabe, einen Tiergarten nach dem Vorbild der großen europäischen Zoos ins Leben zu rufen. Dieser wurde unter seiner Anleitung 1894 im Prater eröffnet und sollte auch als Gegenmodell zu Schönbrunn fungieren, könne doch die Menagerie, »[i]nnerhalb des Ruhesitzes Sr. Majestät gelegen, [...] nie in dem Sinne eines modernen Thiergartens ausgestaltet werden«[348], stellte Knauer noch 1893, also nach den Kraus'schen Umbauten, fest. Der Schönbrunner und sein Pratertiergarten seien »auf verschiedener Basis« aufgebaute Institutionen. Abgesehen von der Tatsache, dass »die Schönbrunner Menagerie [...] vom Hauptverkehre Wiens viel zu weit ab [liegt], um einer Hauptanforderung an einen Thiergarten, oft und leicht besuchbar zu sein, Genüge leisten zu können«, wäre es »eine Anmaßung, würde man nur wünschen, daselbst alle jene, zum Theile recht lärmenden Einrichtungen und Anhängsel eines grossen zoologischen Gartens, wie man sie heute in solchen auch dem lauteren Vergnügen dienenden Anstalten nicht gerne mißt, [dort] platzgreifen zu sehen«.[349]

Keinesfalls dürfe dem neuen Tiergarten ein »museenhafter Anstrich« verliehen werden – die Menagerie wird hier nicht explizit erwähnt, ist aber eindeutig negativer Referenzpunkt. Ebenfalls ein Fehler wäre es, würde sich der Tiergarten »in zu akademischer Auffassung des belehrenden Zweckes eines solchen Institutes [...] ausschließlich an das lernbegierige Publicum, nicht auch an die einfach neugierige große Menge« wenden: Denn genau diese große Menge sei es, die »reichliche Einnahmen [...] den Cassen zuführt« – Geld, das »dem verständigen Besucher zu Gute« käme, dessen »ernsteren Bestrebungen bei reichlich fließenden Einnahmen immer wieder durch Vervollkommnung und Bereicherung der wissenschaftlichen Schauobjecte Genüge geleistet werden« könne.[350] Der neue Zoo im Prater sollte, im Gegensatz zu der Schönbrunner Menagerie, tatsächlich ein Massenvergnügen sein. Dafür erfüllte er in geradezu idealer Weise die infrastrukturellen Voraussetzungen: Das mittlerweile große Teile der Stadt umspannende Tramwaynetz führte selbst »aus den entferntesten Vororten an den Rand des Praters und in den Prater hinein«, der nicht zuletzt dadurch »eine andere Gestalt und eine andere Bedeutung in Wien gewonnen [hatte]. Er ist nicht mehr der Wildpark von ehedem, sondern in den Bereich der städtischen Anlagen einbezogen.«[351] Um die Vorzüge des Zoos bekannt zu machen, betrieb Knauer »lebhafte Reclame in den Zeitungen«, mit denen er gemäß seines eigenen Leitfadens zur Gründung Zoologischer Gärten »in steter Fühlung« blieb.[352] Die Wichtigkeit des Einsatzes von Massenmedien für ein großes Publikum, dem man »den Besuch solcher Anstalten so bequem als möglich machen«[353] müsse, hatte Knauer – auch am Beispiel anderer europäischer Zoos – erkannt: »[E]s ist in der Großstadt«, schrieb er, »in der so leicht anerkennenswerte Leistungen im Lärm des Alltagslebens verborgen und unerkannt bleiben, unbedingt nöthig, auf Empfehlenswertes immer wieder aufmerksam zu machen.«[354] Dabei müsse man »immer mit der Geschmacksrichtung des großen Publicums« rechnen, freilich ohne »Schädigung des belehrenden Hauptzweckes«.[355]

Schönbrunn wurde, wie im vorigen Kapitel gezeigt, besonders am Wochenende zwar von tausenden von Menschen besucht, diese mussten aber nach wie vor einen relativ weiten Weg in Kauf nehmen, da der Schlosspark doch »abseits von dem Centrum der Stadt«[356] lag. Knauer plante für den

Pratertiergarten, der künftigen »Zielstätte des Massenverkehrs«, anderes: Nicht nur in topographischer, sondern auch in kultureller Hinsicht sah er eine Lage unmittelbar an den »Heerstraßen des Vergnügens«[357] vor: Es galt, »die schöne Mitte [...] zwischen trockener, aufdringlicher Schablone und lockerer Sinnesbefriedigung« zu finden – in den Bereich Letzterer fielen »ein Restaurationsgebäude, ein Verkaufsgewölbe, eine Tabak-Trafik, zwei Kegelbahnen, eine Meierei, [...] ein einstöckiger Saalvorbau vor dem alten Restaurationsgebäude, der Ausbau des großen Concertsaales«, Kinderspielplätze und Ponyreitschulen.[358]

Außerdem wurde eine große »Schaustellungs-Arena« errichtet, die als »Manège von 20 Metern Durchmesser« mit einer Rundgalerie für die Zuschauer angelegt war, in der vor allem »ethnographische und naturwissenschaftliche Schaustellungen« stattfinden sollten. Diese »Völkerschauen« schienen Zeitgenossen perfekt in den Zoo (und gerade deshalb auch nicht in die Menagerie) zu passen, waren sie doch »großstädtische Spektakel, deren Anziehungskraft gerade auch darin bestand, daß sie etwas anboten, was mit diesen konkreten Erfahrungen in Verbindung stand, sie thematisierte und in gewisser Weise simulierte, sei es als Verlängerung, Gegenmodell oder Exilort des eigenen Lebens«[359]. Ein *moderner* Zoo (in dem Tiere und Menschen gleichermaßen ausgestellt wurden) definierte sich über die Einbeziehung von Erfahrungen des Städtischen und seinen Anspruch, jene wiedererkennbar darzustellen, sie aber durch ihre Verkleidung als das Andere verstehbar zu machen oder ihren Schrecken zu nehmen.

Die Wiener Presse bereitete dem neuen Tiergarten einen fulminanten Empfang, zu dem es auch gehörte, die Vorzüge jener Institution gegenüber der Schönbrunner Menagerie herauszuheben: »Ungeachtet aller Liberalität« sei den Besuchern dort »doch manche Beschränkung geboten, die in einem zoologischen Garten entfällt«.[360] Nicht nur sei ein solcher »zugleich Unterhaltungslocal«, dessen »Erfrischungshallen zu einem mehrstündigen Aufenthalte«[361] verlockten, sondern dem Publikum würden, wie bereits weiter oben erwähnt, auch im Umgang mit den Tieren größere Freiheiten zugestanden. Darüber hinaus würde die »bequeme Communication mit der Stadt«[362] den Erfolg des Tiergartens sicherstellen, dem bereits eine glänzende Zukunft als »neues Unterhaltungsetablissement in großem Stile«, das für das »gesellschaftliche Leben Wiens von Bedeutung sein wird«, vorausgesagt wurde.[363]

Knauer schien alles durchdacht zu haben, meinte am Beispiel anderer großer Zoos genau zu wissen, welche Fehler es zu vermeiden galt, hatte die Massenmedien auf seiner Seite, betrieb, wo es nur ging, Werbung für sein Institut und hatte sich, gemäß seines Mottos »Je größer die allseitige Zufriedenheit, desto besser der Erfolg«[364], genau mit den Wünschen des

Abb. 20: Massenunterhaltung im Praterzoo: Konzertsaal ...

Abb. 21: ... und Schaustellungs-Arena.

Publikums auseinandergesetzt, das anderswo die Restaurants, Konzerte und Varietés der Zoologischen Gärten stürmte. Dennoch fiel sein Aufruf »›Einen neuen Thiergarten für Wien!‹« nicht durchweg und dauerhaft auf fruchtbaren Boden und die von ihm erhoffte und »wohlverdiente« Antwort »›Wien für den Thiergarten!‹«[365] leiser aus als erwartet. 1893 ins Leben gerufen, musste das Institut bereits 1895 sein Scheitern verkünden und Konkurs anmelden. Als Grund wurde die schlechte Führung der Gastronomie und der Vergnügungsbetriebe, die nach Knauers Vorstellungen einer der Grundpfeiler für den Unternehmenserfolg darstellen hätten sollen, genannt; außerdem war die Konkurrenz durch die stadtbekannten Vergnügungsbetriebe des Wiener Praters auf Dauer vermutlich zu groß. 1895 wurde in unmittelbarer Nähe des Tiergartens etwa »Venedig in Wien« errichtet, wo man zwischen Kulissen venezianischer Palazzi von italienischen Gondolieri über künstlich angelegte Kanäle gerudert wurde, italienisch essen, Opern hören und tanzen konnte.[366] Der Hof- und Gerichtsadvokat Richard Goldmann, der als Masseverwalter des Pratertiergartens eingesetzt wurde, bemühte sich, ein völliges Scheitern abzuwenden, da unterschiedlichste Vereine, Komitees und Politiker heftig für einen Weiterbestand eintraten. Er investierte zunächst in die Vergnügungslokalitäten, baute das Zirkusgebäude aus und erweiterte den Konzertbetrieb, außerdem wurde neben dem Pony- auch noch Lama- und Kamelreiten angeboten. Dennoch halfen alle Rettungsversuche nichts, und der Pratertiergarten war bereits Mitte der 1890er Jahre schon wieder Geschichte.[367]

Neben der Unrentabilität der Vergnügungseinrichtungen wurde als Hauptgrund die Eintrittspreispolitik der beiden Wiener Tierhaltungen vermutet. Schon lange vor Entstehen des Pratertiergartens galt der freie Eintritt in die Menagerie als Grund für die massenhafte »Wallfahrt« nach Hietzing, während andere Tierschauen um jeden (zahlenden) Besucher kämpfen mussten. Bereits zu Beginn des Jahrhunderts war die Konkurrenz zwischen kleineren Wiener Tierhaltungen, wie etwa auf der Jägerzeile, wo »jeder ein Zwölferl ausgebn« musste, um Eintritt zu erlangen, und der Schönbrunner Menagerie, wo man die Tiere »ja umsonst z'sehn«[368] bekam, groß. Die Tatsache, dass man im Pratertiergarten Eintritt zu zahlen hatte, dürfte jedoch kaum das entscheidende Kriterium für dessen Scheitern gewesen sein. Knauer hatte großen Wert darauf gelegt, den »denkbar billigste[n] Eintrittspreis«[369] festzusetzen. Wochentags zahlte man zwanzig Kreuzer, an Sonn- und Feiertagen sogar nur zehn Kreuzer. Im Vergleich dazu bekam man in der »Neuen Welt« in Hietzing, die keineswegs nur von der »schönen Welt«, sondern von einem Massenpublikum frequentiert wurde, um diesen Preis gerade eine Portion Senf. Die Gründe für das Scheitern des Pratertiergartens lagen vermutlich eher in den Gewohnheiten und

Vorlieben des Publikums. Obwohl der Tiergarten in Schönbrunn nach wie vor über keine wie auch immer gearteten »Unterhaltungseinrichtungen« verfügte, während Knauer in sein Konzept sämtliche städtischen Vergnügungen aufgenommen hatte, bevorzugte das Publikum offensichtlich doch jenen. Der Garten erlebte sogar eine neue »Glanzzeit« – an besonders schönen Sonntagen machten sich bis zu 25.000 Besucher auf den Weg nach Schönbrunn.[370]

Anhand der Geschichte der beiden Wiener Tierhaltungen am Ende des 19. Jahrhunderts werden die überraschenden Wendungen, die unvorhergesehenen Ereignisse und Handlungsmotivationen eindrücklich sichtbar, die reproduzierbare, den scheinbar sicheren Erfolg garantierende Strukturen permanent durchkreuzen und aufbrechen. Was in Berlin aus den jahrzehntelangen Diskussionen um die Bedeutung des Zoos gewachsen und dort direkter Ausdruck der Besucherinteressen war, funktionierte im Pratertiergarten nicht. Hätte der Tiergarten Schönbrunn mit seinem Angebot an die Besucher als Privatinstitut möglicherweise niemals bestehen bzw. gegen andere Zoos oder andere Unterhaltungseinrichtungen in Wien konkurrieren können, vermochte er jedoch als kaiserliches Institut, das sich nicht nach den Gesetzen der Konkurrenz richten musste, sein Überleben nicht nur zu gewährleisten, sondern sich, in Kombination mit seiner spezifischen Lage inmitten des Vorortes Hietzing, das eine lange kulturelle Tradition des Wallfahrens, der Ausflüge und Sommerfrischen hatte, sogar gegen andere Tiergärten zu behaupten.

V. Stadtnatur

Um 1900 ist der Zoo auf dem besten Wege, sein Monopol auf das Natürliche zu verlieren, sollte er es je besessen haben. In unterschiedlichsten Diskursen über die Metropolen des ausgehenden Jahrhunderts erscheint die Stadt selbst als Wildnis, als häufig bedrohlicher und unkontrollierbarer Ort, bevölkert von einer Vielzahl von Menschen, die ihren bürgerlichen Zeitgenossen wilder, primitiver und exotischer vorkommen als alles, was sie im Zoo Wochenende für Wochenende bestaunen. ›Stadt‹ kann endgültig nicht mehr gleichgesetzt werden mit ›Kultur‹, während der Zoo ›Natur‹ in einem eindeutig definierten, scharf abgegrenzten Raum bezeichnet. Die Konnotationen der beiden Kategorien scheint sich völlig zu verändern, zu vermischen, aufzulösen. Der Gedanke, Natur in der Stadt in kontrollierten Räumen einschließen zu können oder sie zumindest als eindeutig ihnen zugehörig zu definieren, erscheint in Diskursen über Wildheit und Kontrolle des Natürlichen und Kulturellen seit Ende des 19. Jahrhunderts als gescheitert. Ist die Großstadt einerseits der Ort, an dem der oppositionelle Status des Zivilisierten und des Unkultivierten »stets aufs neue beglaubigt, repräsentiert und sichtbar, also: einsichtig gemacht werden muss, so ist [sie] zugleich der Ort, an dem die schöne Ordnung zwischen dem Eigenen und dem Fremden gestört, die klaren Bruchlinien zwischen dem Anfang und dem Höhepunkt kultureller Entwicklung unscharf, die Entgegensetzungen komplizierter und die Oppositionen selbstwidersprüchlicher werden«.[371]

War der Blick in den vergangenen Kapiteln dieses Buches meist vom Zoo in die Stadt hinaus gerichtet und war versucht worden, die Spuren urbaner Kulturen, Normen und Praktiken im Zoo kenntlich zu machen, wird nun zum Abschluss in aller Kürze die Perspektive gewechselt. Am Beginn des 20. Jahrhunderts scheint der Stadtraum zu verwildern, konnte »das imaginierte ›Primitive‹ [...] bis in dic feinsten Verästelungen des Großstadtdiskurses vordringen«.[372] Der Zoo erschien nun wirklich als Oase – eine Oase, in der künstliche Tiere eine nach den Erwartungen des städtischen Publikums zugerichtete, gezähmte und geordnete Natur bevölkerten. Er geriet damit zu einem Ort kultureller Sicherheit mit kalkulierten Gefahren, die ihn umso mehr in das Terrain des Sicheren und Vorhersehbaren einschrieben. In einer Situation, in dem sich eine entfesselte Moderne der zivilisierten Metropolen selbständig zu bemächtigen scheint, kam nicht zuletzt urbanen Institutionen wie Zoologischen Gärten, ethnographischen Sammlungen, (Welt-)Ausstellungen und Völkerschauen die Aufgabe zu, die Geltung und Aufrechterhaltung kategorialer Grenzen zu behaupten.

Indem dort Zitate des Urbanen ohne die unkontrollierten Menschenmassen, den Verkehr, den Lärm und den Gestank auskamen, stand der Zoologische Garten für all das, was außerhalb seiner Mauern längst unmöglich war. Die Menschenmassen, die den Zoo an manchen Tagen besuchen, rennen nicht ameisengleich über seine Wege, sondern bewegen sich im Idealfall in eine Richtung, der vorgeschlagenen Route entlang. Die Gerüche, die die Besucher im Zoo umfangen, sind unter Umständen nicht immer angenehm, oft sind die Ausdünstungen der Tiere einfach nur »Gestank«, aber auch dieser wird romantisiert, gehört er doch zu einer anderen, exotischen Welt, außerhalb der Reichweite der enormen »Obelisken« – Schornsteine –, »die dem Pharao der Industrie geweiht sind« und als »rasselnde und pochende Ungethüme, die ihre Nasen weit über die Dächer recken, Rauch und Funken schnauben und die Luft, die wir athmen, mit Kohlen- und Schwefeldämpfen erfüllen«[373]. Ebenso wird das Brüllen der Löwen und das Heulen der Wölfe vom ruhesuchenden Zoopublikum kaum jemals als »Lärm« beklagt wie etwa das Geräusch der elektrischen Straßenbahnen – »wilde Tiere, die rasend und brüllend durch die Straßen [toben]«[374] – oder der »höllische Lärm« der Fabriken, dieser »Leichensteine eines behaglichen Städtelebens«[375].

Und auch die für viele so neuen Erfahrungen von Beschleunigung und Geschwindigkeit verlieren im Zoo ihren Schrecken. Indem das Terrain für bestimmte Formen der Bewegung gebaut ist, scheinen Gehtechniken wie »ruheloses Hin- und Herlaufen«, »Rasen« oder »Hetzen« im Zoo keinen Ort zu haben. Gleichzeitig sind auch die Verlagerungen der tierischen Körper stark normiert und in ihren Möglichkeiten eingeschränkt. Wolfgang Schivelbusch hat auf den analogen Wandel der Kulturen des Blicks im Kaufhaus und auf der Eisenbahnreise hingewiesen – eine Perspektive, die nicht zuletzt aufgrund des hier dargestellten Verhältnisses von Kaufhaus und Tierhaus interessant ist. Im Kaufhaus verlöre das Verhältnis zwischen Ware und Käufer, so Schivelbusch, »an Statik, an Intensität, an Aura. Es wird mobiler.«[376] Wie in den neuen Tierhäusern, in denen sich die Attraktion der ausgestellten Körper aus dem Abschreiten ihrer seriellen Zusammenstellungen ergibt, verändert sich auch das Erlebnis der Waren von einem traditionellen, »intensiv-statische[n]«[377] zu einem panoramatischen – »Bewegung ist [...] die Grundlage des Verhältnisses zwischen Ware und Käufer«[378], und am Ende des 19. Jahrhunderts verstärkt auch die der Beziehungen zwischen Tier und Zoobesucher. Indem also im Zoo Bewegung einerseits entschleunigt wird, andererseits urbane Choreographien zitiert werden, in die die Besucher eingeübt sind, vermag er die Verbindungsleistung zu schaffen, das zum eigenen täglichen Leben Gehörige in einer erkennbaren, aber sentimentalisierten Form, weniger bedrohlich als ihr Original, zu präsentieren.

Der Zoo ist der Ort der gezähmten, normalen Natur. Doch sobald man dessen Grenzen überschreitet, scheint die moderne urbane Wildnis auszubrechen. »In den großen Städten«, schrieb der Berliner Autor Oscar Justinus 1889 in seinem Text *Allerlei Menschen- und Thierfahrten,* »haben die zoologischen Gärten mit ihrer frei sich tummelnden Fauna der guten Zeit der Menagerie ein Ende gemacht.« In der Provinz hingegen errege »eine Hyäne mit dem struppigen Rücken und dem boshaften Ausdruck um die schwarze feuchte Schnauze noch dasselbe Gruseln, weckt ein ausrangierter Pelikan mit dem unförmigen schwer zu dirigierenden gelben Schnabel noch die gleiche exotische Sehnsucht, wie zu unserer Kinderzeit«. Manchmal sind auch diese und andere Monstrositäten aus vormoderner Zeit noch zu Gast in der Hauptstadt: »[D]ie Sirene, der singende Delphin, ein Zwergpferdchen [...], das fabelhafte Einhorn«,[379] auch in der Epoche der zoologischen Klassifikation, die scheinbar ohne Leerstellen auskam, noch angepriesen als kuriose Wunder- und Fabelwesen, Verkörperungen des Unbekannten.[380] »Aber auch anderes lebendes Gethier«, so Justinus weiter, »fährt durch die Berliner Straßen«: »das Schlachtvieh [...], das preisgekrönte Vieh [...], das Geflügel, [...] Fische, [...] die Hunde in der Karre des Abdeckers«.[381] Vom Transport »halbtodter Thiere« wie dieser »ist nur ein Schritt zu dem ganz todter«: Fleisch, das zu Hallen und Läden gebracht wird, die »Zeremonien der Fettgänse in den Wintermonaten«.[382] An allen Ecken und Enden werden die Lücken im Ausschluss der Tiere aus der Stadt, der bürgerlichen Verdrängung des Unhygienischen und des Unkultivierten deutlich.

Nicht nur Tiere, die nicht den bildungsbürgerlichen Buchfiguren entsprechen, tragen zum Eindruck der wilden Metropole bei. Auch ein nicht geringer Teil der Berliner Bevölkerung, die von Tag zu Tag zunimmt, kommt den Zeitgenossen fremd vor: »Mitten in dem civilisierten Berlin begegnet man einer nicht geringen Zahl von Individuen, die gewissermassen außerhalb der polizcilich und bürgerlich geordneten Gesellschaft in einem anormalen Naturzustande [...] leben«, berichtete Max Ring 1882. Man könne diese Gestalten daher »die Wilden der Residenz nennen«.[383] Wilhelm Bölsche beschrieb den Berliner Norden als »häuserlose und menschenleere Wüste. [...] Straßen sind da, Häuser nicht. In der Ferne wachsen ein paar herauf, große, entsetzlich nüchterne Mietskasernen der schmucklosen Art, fahl wie nackte Kalkberge, mit hundert glanzlosen Fensteraugen,

Ungetüme [...]. [A]lles, was Berlin nicht mehr brauchen kann, das ganze Strandgut des Stadtozeans, dazwischen hin und wieder auch einmal gelagert eine unheimliche lebendige Gestalt, in Lumpen gehüllt, auch sie Strandgut, wie die Scherben und das alte Eisen.«[384] Gleich dem Berliner Norden werden in düsteren Beschreibungen auch die Wiener Vorstädte als »dunkle Landschaften an der Straßenbahn« erlebt, die mit »schwerem Atem [...] stumpfe, dumpfe Freudlosigkeit« ausstoßen und vom »Siegel der Roheit« geprägt scheinen.[385] Gestank, Schmutz, verwahrloste Kinder, alkoholisierte Frauen und gewalttätige Männer lassen auch in Wien das Bild eines rohen, ungeordneten und primitiven Mikrokosmos innerhalb der Stadt entstehen, dessen Grenzen jedoch zum Schrecken Vieler kaum jemals scharf gezogen sind.

Keine der noch so exotischen Völkerschauen im Zoo ist in der Lage, auch nur annähernd solche Entfremdungserlebnisse hervorzurufen, wie es die Angehörigen der »primitiven« Gesellschaften an der sozialen und räumlichen Peripherie der Stadt vermögen: »Die Literatur, die vor 100 Jahren [...] die bezaubernde Form der Utopie, und nur die eine hatte, ist heut, wenn sie in diese unsere Stadt hineingreift, im innersten Wesen nicht weniger Ethnographie, als wenn sie Kandahar und East End festzuhalten strebt«,[386] vermerkte Rudolf Borchardt 1902. Der urbane Raum stellt sich als exotischer Landstrich dar, in dem der (literarische) Großstadtdiskurs zum Naturdiskurs wird. Die fremden Welten liegen vor der eigenen Haustür, das Primitive hat seinen Ort in den modernen Metropolen gefunden. Prostituierte, Bettler, Arbeits- und Obdachlose oder Rechtsbrecher werden als Angehörige exotischer Randgruppen erlebt, als dem Anderen der Zivilisation zugehörig, und die Bezirke der Stadt, in denen sie leben, als Territorien des Wilden, die dem bürgerlichen Leben oder den Vorstellungen davon ebenso fern sind wie die Einwohner von Ländern oder Regionen, die tatsächlich am anderen Ende der Erde liegen.[387]

Die Bauordnung für die Berliner Vororte von 1892 ist auch eine Bestandsaufnahme der verlustig gehenden geordneten Natur der Stadt: »[D]ie Gärten hinter den Häusern von Alt-Berlin sind fast überall verschwunden. Sie sind durch Seitenflügel und Quergebäude ersetzt worden; man hat die Stadt zugemauert und zugebacken.«[388] Die kleinen, privaten Oasen und Grünflächen sind zwar nicht mehr in der Innenstadt zu finden, sie leben nur noch fort in den neu entstehenden Schrebergärten und Laubenkolonien, aber es scheint, als hätte sich die Natur, die durch neue Anbauten verdrängt wurde, aufgelöst und sich wie eine Membran über die Stadt gelegt. In Beschreibungen des urbanen Raums ist sie dabei doppelt präsent: Nicht nur wird »die Stadt [...] wie die Natur erfahren, es ist vielmehr die Natur der Stadt, die Empfindungen auslöst«.[389] Populäre Denk- und

Identitätsbilder der wachsenden Metropolen und künstlerische und literarische Ausdruckstechniken der Moderne geraten dabei in vielschichtige Wechselbeziehungen. Das Natürliche gerät zum atmosphärischen Subtext der Annäherung an die Großstadt.

Die Forschungsliteratur zur Rolle der modernen Metropole in der Literatur des frühen zwanzigsten Jahrhunderts sowie im Speziellen zur Bedeutung von Natur und Metaphern des Natürlichen in diesen Texten ist Legion. An dieser Stelle kann daher nicht mehr als ein Hinweis auf diesen Diskurs gegeben werden, der die behaupteten kategorialen Grenzziehungen von Natur und Kultur, die sich in den Zoologischen Gärten der Moderne auf ganz spezifische Art formieren, in Frage stellt, verkehrt oder ganz auflöst.

Der Literat, Architekt und Architekturtheoretiker August Endell theoretisierte in seiner programmatischen Schrift *Die Schönheit der großen Stadt* den naturhaften Charakter der modernen Metropole, diese »oft [...] sinnlich nicht greifbare Schönheit, [die] oft nur eine Schönheit in der Vorstellung, in dem Gedanken [ist]«[390]. Er spricht von der »Stadt als Natur« und der »Stadt als Landschaft«: »Das mag befremdlich klingen, eben weil diese Schönheit fast immer übersehen wird, weil man gar nicht gewohnt ist, eine Stadt so anzusehen, wie man Natur, wie man Wald, Gebirge und Meer ansieht.«[391] Dabei biete doch die Stadt, ebenso wie jene Landstriche, ein »buntes, ewig wechselndes Bild«, auf den der Begriff »Schönheit«[392] passe – »[a]uch hier ist Natur, ist Landschaft«[393]. Dementsprechend zeichnen Endells Narrationen schillernde Großstadtbilder in satten Farben, pointillistische Folgen atmosphärischer Impressionen, die stimmungsvolle Landschaften entwickeln. »Der Platz«, schreibt er in Anschauung des Potsdamer Platzes, Zentrum des neuen Berlin 1908, »ist von zwei riesigen elektrischen Lichtträgern ganz mit Helligkeit gefüllt, wie eine große Kuppel breitet sich das Licht über den Platz. Die Häuser erglänzen in den buntesten Farben, bunter als in dem weißen Tageslicht. Eins ist leicht rötlich, ein anderes gelb und zwischen den Häusern lagern die dicht zerklüfteten Berge der belaubten Bäume und das dämmrige Dunkel der weniger beleuchteten Nebenstraßen. [...] Der Potsdamer Bahnhof liegt zurück im Dunkel, das beleuchtete Ziffernblatt seiner Uhr schwebt wie eine gelbe Kugel in dem hier tiefblauen Himmel. [...] Alles fließt weich ineinander, [...] [a]lle Umrisse zergehen. [...] Aus der dunkleren Potsdamer Straße [...] quillt ununterbrochen ein schillernder perlender Strom von Wagen und Fußgängern. Lauter kleine flimmernde Flecke, die erst unter dem Dunkel der Bäume hervorleuchten, dann größer werden, in das helle Licht des Platzes geraten und schließlich wie große Schatten oder heller Glanz an uns vorbeigleiten.«[394]

Die Werke der Autoren der expressionistischen Moderne mit ihrer Hauptstadt Berlin freilich erzählen von ganz anderen Blicken auf großstädtische Landschaften.[395] Ein Text des Lyrikers Paul Boldt etwa, nur vier Jahre später, 1912, geschrieben aus der gleichen Perspektive wie der Endells, von der Terrasse der Cafés Josty am Potsdamer Platz, rückt das Grelle, Laute, Zerstörerische ins Zentrum seiner Darstellung.[396]

Die Beschleunigung des Verkehrs und der Menschenmassen führt – wie schon im Tableau – zu einer »Vergletscherung« des Bildes, das plötzlich wieder stillzustehen scheint. Die Bewegungen und Eindrücke haben eine solche Intensität erreicht, dass sie gefrieren und schließlich zersplittern in Beobachtungen, die in den apokalyptischen Erzählungen der expressionistischen Autoren Berlin, die »Chiffre der Moderne«[397], in den Diskurs einer zerstörerischen, feindlichen und abstoßenden Natur integrieren.

An einem Frühlingsabend des Jahres 1894 erleben Hugo von Hofmannsthal und sein Freund Leopold von Andrian die Natur der Stadt während ihres Spaziergangs durch Wien, nicht zuletzt im literarischen Diskurs als das Gegenstück Berlins imaginiert,[398] auf ganz andere Weise: Nicht mitten in der inneren Stadt, auf der mondänen Ringstraße oder in einem der Wiener Kaffeehäuser, sondern im Garten von Schönbrunn – eben gerade *nicht* in der Menagerie, sondern im Schlosspark – meinen sie, die »Seele dieses Wien« entdeckt zu haben: »[F]ast ununterbrochener Vogelgesang; schwarze Kiefern, die beim langen Anschauen zu leben beginnen. Wir glauben die Seele dieses Wien zu spüren, die vielleicht in mir zum letzten Male auflebt, wir waren triumphierend traurig.«[399]

Der Literatur des Wiener Fin de Siècle ist mit dem urbanen Naturdiskurs auf eine radikal andere Weise verbunden als die der Berliner expressionistischen Moderne.[400] Die Natur der Stadt wird in ornamentale Serien zergliedert und damit ihrer Bedrohlichkeit beraubt – eine Bedrohlichkeit, die der Wiener Architektur- und Kulturtheoretiker Camillo Sitte in seinem Text über den *Städtebau nach seinen künstlerischen Grundsätzen* von 1889/1901 ebenfalls festgestellt hat. Der Verlust des Anmutigen und Künstlerischen im modernen Städtebau verleihe den Metropolen »ein bislang der wilden Natur vorbehaltenes Gefühl« und resultiere in der beunruhigenden »›Raumangst‹, die einen entzivilisierenden Verwilderungsaspekt« in sich trüge.[401] Sitte nennt die mediterranen Städte als Stilvorbilder, seien sie doch in idealer Weise der »schönen Natur« nachgebildet, »und auch sie wirkten auf das Gemüth der Menschen mit sanfter, unwiderstehlicher Gewalt in demselben Sinne«.[402] Die lieblichen, schönen und anmutigen Aspekte der Stadt verkehrten sich in der Moderne zu angstvollen, wilden und ungeordneten. Die Entzivilisierung der modernen Großstadt resultiert für Sitte aus der Aufgabe und Vernachlässigung von Zeichen einer »Civitas«, einer bürgerlichen, gemeinschaftlichen Kultur. Die Städtebauer vernachlässigten damit auch ihre politische Aufgabe – ohne Plätze und andere gemeinschafts- und kommunikationsfördernde Architekturen verharre die Stadt in reiner Funktionalität und würde Kulisse für ein »mathematisch abgezirkeltes, modernes Leben, in dem der Mensch förmlich selbst zur Maschine wird«.[403]

Die künstlerischen und architektonischen Stilmerkmale, von denen Sitte spricht, haben indes einen neuen Ort gefunden: Den Zoologischen Garten, der damit erneut Funktionen des Städtischen übernimmt. Er scheint sowohl auf materieller als auch auf imaginativer Ebene das abzudecken und bereitzustellen, was in der Stadt nicht mehr möglich scheint. Indem er für das gestattete, berechen- und einschätzbare Auftreten von Natur steht, stellt er nichts weniger dar als die Heterotopie der modernen Großstadt. Gleichzeitig mit der scheinbar endgültigen Auflösung der Grenzen erlebt deren diskursive Wiedererrichtung eine Renaissance. Zoologische Gärten werben um 1900 als »Oasen« um Besucher, und Reiseführer sprechen von Wien und Berlin unter Rückgriff auf »Kultur« als positiv besetzten Wertbegriff als Hochburgen moderner Zivilisation. Die Verleihung eines Titels, die Benennung, die Adressierung eines Raumes als dies oder jenes schafft Wirklichkeit, aber die Ahnungen, es könnte sich genau umgekehrt verhalten, sind als subkutane Irritationen in diesen großen Erzählungen doch ständig präsent.

»[A]lles, was zu uns kommt, und käme es vom Ende der Welt, kommt aus uns selber.«

1926 unternahm Bernhard von Brentano einen Spaziergang durch den Berliner Zoologischen Garten. Besonders beeindruckt hatten ihn die Elefanten und die indische Gemeinde, die gerade im Rahmen einer Völkerschau zu Gast war, und im Anschluss an seinen Zoobesuch stellte er sich die Frage, ob das, was er nun hier gesehen hatte, tatsächlich Indien gewesen sei. »Sicher nicht«, lautete seine Antwort – die indischen Männer und Frauen seien, »wenn sie durch die Großstädte des Kontinents reisen, harmlos und willig, die Erwecker jener halb literarischen, halb echten Lust am Primitiven, die noch in den Herzen der Zivilisierten wohnt. [...] Das ist ein verratenes Geheimnis: alles, was zu uns kommt, und käme es vom Ende der Welt, kommt aus uns selber. Dies aber festzustellen und weiter zu denken, heißt ein harmloses Vergnügen zerstören. Nur damit können alle beruhigt sein: der Weg nach Indien ist einstweilen zu Fuß noch zu weit.«[404]

Indien in Brentanos Lesart meint das Eigentliche, das Originelle, das im Zoo ohne Ort bleibt, während es gleichzeitig emphatisch übersteigert wird. Es ist das absente Echte, das dort angerufen wird und tatsächlich daher kommt, wohin man noch zu Fuß gehen kann, aus der Mitte städtischer Lebenswelten. Seit dem 19. Jahrhundert wurden Tiergärten als bessere Welt, geordnetere Stadt und harmonischerer Lebensraum für Mensch und Tier inszeniert, und sie scheinen es bis heute zu sein dank ihrer Fähigkeit, das »Oxymoron einer umfassend authentischen Inauthentizität«[405] zu realisieren. Der Referenzort, auf den sich das Echte bezieht, ist dabei, wie gezeigt wurde, nicht immer nur das tatsächlich Fremde in Gestalt ferner exotischer Welten, sondern vielmehr der urbane Lebensraum. Zoos evozieren Gegen- und Spiegelbilder zum städtischen Mikrokosmos und fungieren dabei mitunter als Wachsplatte, als Tableaux des Eigenen, in denen die tiefsten Eindrücke städtischen Lebens als Abdrücke erkennbar sind. Die Diskurse, die sich in einer Stadt auf besondere Weise verdichten, hinterlassen auch im Zoo die tiefsten Spuren und zeichnen sich dort schließlich sichtbar ab. Sie erklären die Welt, indem sie die Stadt erfahrbar machen. Zoos treffen auf bemerkenswerte Weise den Nerv einer Stadt, gehören zu ihr, sind mit ihr gesellschaftlich, wirtschaftlich, politisch und weltanschaulich verwachsen, sie sind Schlüsselstellen zum Verständnis moderner Urbanität, und diese Entwicklung hat, wie gezeigt, ihre Wurzeln im 19. Jahrhundert. Sie zeugen von bemerkenswerten gesellschaflichen Koalitionen, von Diskursen um öffentliche Wissenschaft und deren politischen Implikationen, sie geben Aufschluss über das Verständnis von städtischer Freizeit und deren kulturelle Kodierungen, um die Akteure unterschiedlichster gesellschaftlicher Herkunft verhandeln, und erweisen sich damit als unbedingt moderne Orte.

Zoos beziehen ihre Attraktion aus der opulenten Exotisierung des Eigenen, das paradoxerweise erst durch diesen Akt verstehbar gemacht wird. Zoos evozieren Ideale, die vielleicht nie existiert haben, aber dennoch auf eine echte, historische Gegenwart und Vergangenheit, jedenfalls aber eine bessere Zukunft verweisen und die aufs Engste mit Wünschen, Normen und Ideen einer städtischen Bevölkerung verknüpft sind. Die Bilder, die der Besucher dort konsumiert, werden aus allen Teilen der Welt – vor allem aus den Vorstellungs- und Erfahrungswelten der Stadtbewohner – zusammengetragen und zu einem klischierten Mikrokosmos zusammengefügt, in dem das Vertraute das Fremde informiert und umgekehrt. Künstliche Tiere sind die Ikonen dieser Orte, die ihren andauernden Erfolg nicht aus der strikten Trennung von Natur und Kultur, Fremdem und Eigenem, Wildheit und Kontrolle, Authentizität und technisierter Kulissenhaftigkeit, Tier und Mensch beziehen, sondern gerade aus deren wechselseitiger Durchdringung, aus den produktiven Spannungen zwischen diesen Kategorien.

Die Adressierungen, die im Wiener U-Bahn-Plan vorgenommen werden, scheinen ins Leere zu laufen, was sie markieren wollen, findet sich außerhalb des angezeigten Ortes mehr als dort, und dennoch zeugen sie möglicherweise von dem bis heute betriebenen Versuch, die natürliche Ordnung des urbanen Raumes zu beschwören und die irritierende Vermengung der Kategorien von Natur und Kultur zu unterbinden.

Anmerkungen

1 Macho 2005, S. 16.
2 Macho 2005, S. 17.
3 Anonym 1856, S. 385.
4 Baratay/Hardouin-Fugier 2000, S. 103.
5 Baratay/Hardouin-Fugier 2000, S. 103.
6 Siehe Abb. 19.
7 Nelle 2005, S. 15. Zum Begriff des »künstlichen Paradieses« vgl. neben der Arbeit von Florian Nelle (2005), der sich u. a. mit Landschaftsgärten, Weltausstellungen, Warenhäusern und Filmpalästen als Orten »im Spannungsfeld von wahrem Paradies und Utopie« (S. 10) auseinandersetzt auch das Buch von Stefan Koppelkamm (1988) über Gewächshäuser und Wintergärten als »künstliche Paradiese«.
7a Spary 2001, 39, 42, 61.
8 Jahn 1992, S. 213.
9 Vgl. dazu auch Ash 2008.
10 Kopp/Müller-Richter 2004, S. 18.
11 Etwa Kopp/Müller-Richter 2004, Nelle 2005.
12 Paul Fussell, zit. nach Morris 1998, S. 35.
13 Fiske 2001, S. 235.
14 Übersichten zur Entstehung und Entwicklung der Cultural Studies als »intellektuelle Praxis« finden sich etwa bei During 1993, Engelmann 1999, Lutter/Reisenleitner 2001; Grundlagentexte von Raymond Williams, Stuart Hall, Simon Frith, John Fiske u.a. in Bromley/Göttlich/Winter 1999.
15 Hörning 1999, S. 95.
16 Bachmann-Medick 1996, S. 7.
17 Williams 1981, S. 207.
18 Lutter/Reisenleitner 2001, S. 73.
19 de Certeau 1988, S. 85, S. 21f.
20 Foucault 1982, S. 44f.
21 Günzel 2005.
22 Aktien-Verein des Zoologischen Gartens zu Berlin 1872, S. 1.
23 Brandstetter 2000, S. 466.
24 de Certeau 1988, S. 216.
25 Zedinger 2000, 2002.
26 Zum architektonischen Konzept barocker Menagerien vgl. Paust 1996.
27 Heindl 2002, S. 118.
28 Wienerisches Diarium, 9.5.1778, o.S.
29 Zur Praxis anderer fürstlicher Menagerien im deutschsprachigen Raum ab den 1760er Jahren vgl. Dittrich 2001, bes. S. 69.
30 Heindl 2002, S. 154.
31 HHStA, Proksch-Akten 24, unfol.: eigenhändige kaiserliche *Instruktsion pour le holondet*, zit. nach: Zedinger 2002, S. 83.
32 Ash 2002, S. 36.
33 Fitzinger 1853, S. 54.
34 Jagemann 1842, S. 56.
35 Näheres dazu im Abschnitt zur »Kommerzialisierung des Exotischen« in Kapitel IV.

36 Vgl. dazu Kapitel IV, Abschnitt »Zögerliche Moderne«.
37 Vgl. dazu vor allem Heindl 2002.
38 Kronfeld 1891, S. 18.
39 Dazu den Abschnitt »Volksbelustigungen aller Art, Monstre-Concerte, Bälle an allen Ecken« – das Vergnügen außerhalb.
40 Zur Person Lichtensteins vgl. Rieke-Müller/Dittrich 1998, S. 53–55.
41 Vgl. dazu Baratay/Hardouin-Fugier 2000, S. 94 ff.
42 Dazu Klös 1969, S. 25–52.
43 Vossische Zeitung, Nr. 160, 11.7.1844, S. 8.
44 Rieke-Müller/Dittrich 1998, S. 63.
45 Lichtenstein 1847, Vorrede.
46 Richter 1860, S. 382.
47 Döcker 1990, S. 96.
48 Richter 1860, S. 382.
49 Martin 1878, S. 5.
50 Horak u.a. 2001, S. 9.
51 Vgl. dazu Hochadel 2002, S. 170.
52 Arndt 1801, S. 225.
53 Klusacek 1977.
54 Fidelis 1827, S. 123.
55 Weidmann 1853, S. 46.
56 Vgl. dazu Statistische Jahrbücher der Stadt Wien der entsprechenden Jahre. Zur Stadterweiterung in den 1890er Jahren etwa Öhlinger 1999, Kap. 10.
57 Siedler 1905, S. 260.
58 Kronfeld 1902, S. 18.
59 Martin 1878, S. 97.
60 Kronfeld 1902, S. 18.
61 Béringuer 1877, S. 6.
62 Griebens Reiseführer Berlin 1911, S. 8.
63 Heck 1909, S. 3.
64 [J.W].: Im Zoologischen Garten. National-Zeitung, 1.7. 1875, zit. nach Engel/Jersch-Wenzel/Treue 1989, S. 329.
65 Duncker 1896, S. 9 f.
66 Statistisches Amt der Stadt Berlin. 27/1900–1902, S. 170.
67 Anonym 1902b, S. 150.
68 Griebens Reiseführer Berlin 1884, S. 73.
69 Duncker 1896, S. 11.
70 Duncker 1896, S. 37.
71 Duncker 1896, S. 38.
72 Hanns 1926, Vorwort.
73 Maderthaner/Musner 2001, S. 59.
74 Neue Freie Presse, 25.3.1893, zit. nach Knauer 1893, S. 63.
75 Vossische Zeitung, Nr. 76, 1.4.1877, S. 2 (4. Beilage).
76 Springer 1878, S. 5.
77 Anonym 1902e, S. 554.
78 Anonym 1902e, S. 554, eigene Hervorhebung.
79 Knauer 1893, o. S.
80 Kronfeld 1902, S. 12.
81 Kronfeld 1902, S. 18.
82 Fidelis 1827, S. 122.
83 Fidelis 1827, S. 123.
84 Fidelis 1827, S. 123.
85 Knauer 1879, S. 1.
86 Klebes 1984, o. S.
87 Hessel 1984, S. 137.
88 Damm 1994, S. 136.

[89] Knauer 1893, S. 39.
[90] Stekl 1998.
[91] Stekl 1998, S. 165, S. 175.
[92] Dazu Brachteka 1947, S. 36.
[93] HHStA, OMeA, K. 1193, 1890, R. 75/19.
[94] HHStA, OMeA, K. 1728, 1906, R. 75/C/1.
[95] Springer 1870, S. 193.
[96] Springer 1870, S. 194.
[97] Pfannstil 1987, S. 15.
[98] Pfannstil 1987, S. 15.
[99] Zit. nach Pfannstil 1987, S. 286.
[100] Linder/Schmalfuß 1987, S. 13.
[101] Anonym 1912a, S. 4–6.
[102] Anonym 1902a, S. 139.
[103] Anonym 1912c, S. 35, eigene Hervorhebung.
[104] Heck 1903, o. S.
[105] Aktien-Verein des Zoologischen Gartens Berlin 1871, S. 33.
[106] Heck 1912, S. 83.
[107] Aktien-Verein des Zoologischen Gartens Berlin 1871, S. 31.
[108] Aktien-Verein des Zoologischen Gartens Berlin 1871, S. 32.
[109] Richter 1860, S. 379.
[110] Richter 1860, S. 382.
[111] Richter 1860, S. 379.
[112] Weinland 1862, S. 1 f.
[113] Duncker 1896, S. 46.
[114] Siedler 1907, 11 f.
[115] Neues Wiener Tagblatt, 29.4.1913, S. 11.
[116] Siedler 1907, S. 11 f.
[117] Neues Wiener Tagblatt, 29.4.1913, S. 11.
[118] Leutemann, 1875, S. 186.
[119] Anonym 1858, S. 675.
[120] Anonym 1861, S. 300.
[121] Glaßbrenner 1864, S. 4.
[122] Franceschini 1893, o. S.
[123] Heck 1899, Beumer 186x.
[124] Duncker 1896, S. 84.
[125] Zur medialen Berichterstattung vgl. Ebner 2002, S. 448–451.
[126] Illustriertes Wiener Extrablatt, 2.7.1899, S. 1.
[127] Neues Wiener Tagblatt, 30.7.1899, S. 5.
[128] Ebner 2002.
[129] Österreichische Volks-Zeitung, 30.7.1899, S. 3.
[130] Neues Wiener Tagblatt, 31.7.1899, S. 5.
[131] Noll 1867, S. 392.
[132] Noll 1867, S. 392.
[133] Martin 1878, S. 36.
[134] Anonym 1829, S. 831.
[135] Richter 1794–1813, 2. Heft, 1. Brief/1802, S. 6; 10. Heft, 1. Brief/1813, S. 17).
[136] Alexis 1833, S. 172.
[137] Schilling 1840, S. 1065.
[138] Ludwig Heck, zit. nach Damm 1994, S. 40.
[139] Nach Schwenk 1998, S. 127.
[140] Schmidt-Weißenfels 1870, S. 99 f.
[141] Buchner 1996, S. 164.
[142] Buchner 1996, S. 164.
[143] Vossische Zeitung, Nr. 188, 13.8.1844, S. 8.
[144] Siedler 1907, S. 164.
[145] ATGS, [›Anonym Dr. F.‹] an Oha/Freiherr von Wetschl, Nov. 1911.

146 Gaheis 1801, S. 44.
147 Lattorf 1846, S. 42–44.
148 Zur Situation der Wärter und deren Arbeitsbedingungen vgl. Heindl 2002, S. 118–124.
149 Brachetka 1947, S. 41 f.
150 Heindl 2002, S. 124.
151 Lattorf 1846, Vorbemerkung.
152 Berlinische Nachrichten, Nr. 165, 17.7.1844, S. 1.
153 HHStA, OmeA 75/1841, 5, Philipp Welle an OmeA, 23.6.1841.
154 ATGS, MI, 27.5.1899.
155 ATGS, MI, 26.7.1903.
156 *Neue Freie Presse*, 12.4.1893, zit. nach Knauer 1893, S. 72.
157 Mullan/Marvin 1999, S. XIV.
158 Fiske 2000, S. 66.
159 Anonym 1902b, S. 149.
160 Anonym 1902a, S. 138.
161 Am Beispiel des Londoner Zoos in *Regent's Park* hat Sofia Åkerberg (2001) eine genaue Analyse der Kultur des *Zoo-Guidebooks* vorgelegt.
162 Martin 1878, S. 13.
163 Lichtenstein 1847, Vorrede.
164 Noll, S. 391.
165 Bodinus/Schmidt/Heck 1898, Hinweis am beiliegenden Plan.
166 Aktien-Verein des Zoologischen Gartens Berlin 1866, S. 41
167 Aktien-Verein des Zoologischen Gartens Berlin 1866, S. 11.
168 Lattorf 1846, S. 47.
169 Heck 1903, S. 15.
170 Anonym 1902, S. 149.
171 Aktien-Verein des Zoologischen Gartens Berlin 1851, S. 3.
172 Aktien-Verein des Zoologischen Gartens Berlin, S. 5.
173 Aktien-Verein des Zoologischen Gartens Berlin 1869, S. 4.
174 Lichtenstein 1847, S. 12.
175 Vossische Zeitung, Nr. 178, 1.8.1844, Anhang mit privaten Kleinanzeigen.
176 Fitzinger 1875, Vorwort.
177 Fitzinger 1875, S. 3.
178 Knauer 1893, S. 20.
179 Vgl. Hochadel 2008, S. 190–193.
180 ATGS, F. Knauer an MI, 13.5.1901.
181 ATGS, Oha an MI, Schreiben, 16.5.1901.
182 Knauer 1903, S. 10.
183 Fitzinger 1853, S. 54.
184 Bourdieu 1991, S. 27 f.
185 Musner/Maderthaner 1999, S. 47.
186 Fiske 2001, S. 235.
187 Musil 1996, S. 9.
188 Khevenhüller-Metsch 1910, Tagebücher 1752–1755, S. 53.
189 Vgl. Kauffmann 1994.
190 Bormastino 1719, S. 3.
191 Küchelbecker 1732, zit. nach Kauffmann 1994, S. 86.
192 Küchelbecker 1732, zit. nach Kauffmann 1994, S. 86.
193 Bormastino 1719, S. 147.
194 Küchelbecker 1730, Vorrede.
195 Bormastino 1719, o. S.
196 Bormastino 1719, o. S.
197 Küchelbecker 1730, S. 457.
198 Küchelbecker 1730, S. 457. Der normierte Anhang eines sogenannten Hofschematismus bei vielen historischen Topographien der Zeit belegt, wie Kai Kauffmann zeigen konnte, »die Tendenz der Aktualisierung, der Säkularisierung und Pragmatisierung« und stellt ein

weiteres Element dar, das deutlich macht, »wie sehr die gesamte Beschreibung der Stadt bzw. die Stadt selbst unter das (weltliche) Zeichen des Kaisers und des kaiserlichen Hofes geraten ist«, wie sehr städtische Wirklichkeit also aus hegemonialer Perspektive geschrieben wurde (Kauffmann 1994, S. 61; FN S. 60).

199 Bormastino 1719, S. 329.
200 Küchelbecker 1730, S. 392.
201 de Luca 1794, o. S.
202 Küchelbecker 1732, Vorrede.
203 Küchelbecker 1730, Vorrede.
204 Bormastino 1719, S. 2.
205 Mercier 1990, S. 8.
206 Mercier 1990, S. 8.
207 Anonym 1801, S. 7f.
208 Mercier 1990, S. 423.
209 de Certeau, zit. nach Hörning/Winter 1999, S. 266.
210 Reinisch 1992, S. 37.
211 Zum »Zoo als Tableau« vgl. vor allem Graczyk 2008.
212 Humboldt 1993, S. 17.
213 de Certeau 1988, S. 88.
214 Lenné/Bethe 1926, S. 303.
215 Lenné/Bethe 1926, S. 303.
216 Lenné/Bethe 1826, S. 302.
217 Mercier 1990, S. 11.
218 Lenné/Bethe 1826, S. 303.
219 Lenné/Bethe 1826, S. 153.
220 Lenné/Bethe 1826, S. 153.
221 Vgl. Karg 1992.
222 Wimmer 1990, S. 160.
223 Lenné/Bethe 1826, S. 157.
224 Lenné/Bethe 1826, S. 154.
225 Mercier 1990, S. 9.
226 Seiler/Hamm 1999, S. 17.
227 Benjamin 1974, S. 111.
228 Simmel 1995, S. 117.
229 Simmel 1995, S. 117.
230 Simmel 1995, S. 127.
231 Berthold 1911, o. S.
232 Benjamin 1982, S. 271.
233 Benjamin 1982, S. 274.
234 Leopold Aloys Hoffmann: Wiener Stutzergalerie, zit. nach Kauffmann 1994, S. 188.
235 Kracauer 1964, S. 35.
236 Kracauer 1964, S. 31.
237 de Certeau 1988, S. 14.
238 de Certeau 1988, S. 14.
239 Knauer 1893, S. 22.
240 Ende/Böckmann 1875, S. 3.
241 Vossische Zeitung, Nr. 178, 1.8.1844, S. 10.
242 Vossische Zeitung, Nr. 188, 13.8.1844, S. 8.
243 Vossische Zeitung, Nr. 159, 11.7.1845, S. 8.
244 Vossische Zeitung, Nr. 160, 12.7.1845, S. 8.
245 Lattorf 1846, S. 9.
246 Martin 1878, S. 31.
247 Anonym 1902, S. 138.
248 Martin 1878, S. 33.
249 Ende/Böckmann 1875, S. 3.
250 Anonym 1902c, S. 161. Dazu mehr im Kapitel »›Bilder, die das Publikum niemals vergisst‹ – Von Tempeln und Kathedralen für Tiere und Menschen.«

[251] Aktien-Verein des Zoologischen Gartens zu Berlin 1872, o.S.

[252] Zum Bau diverser Vergnügungsmöglichkeiten im Zoo vgl. Klös 1990, S. 80–83, 104–105, 142, 171.

[253] Aktien-Verein des Zoologischen Gartens zu Berlin 1901, Anhang.

[254] Aktien-Verein des Zoologischen Gartens zu Berlin 1901, Anhang.

[255] Zur Kulturgeschichte dieser »anthropologischen Spektakel« vgl. Schwarz 2001. Zur Fabrikation und Ausstellung von »Menschenbildern« vgl. Lange 2006.

[256] Anonym 1902a, S. 140.

[257] Heck 1912, S. 49.

[258] Griebens Reiseführer Berlin 1911, S. 115.

[259] Klös 1990, S. 171.

[260] Martin 1878, S. 208.

[261] Richter 1860, S. 382.

[262] Anonym 1905, o.S.

[263] Damm 1994, S. 140.

[264] Ende/Böckmann 1877, S. 1.

[265] Gaebler, S. 208.

[266] Anonym 1902a, S. 139.

[267] Anonym 1902c, S. 161.

[268] Herter 1860, S. 481.

[269] Anonym 1902d, S. 545.

[270] Griebens Reiseführer Berlin 1911, S. 73.

[271] Anonym 1902d, S. 545.

[272] Heck 1928, zit. nach Klös 1990, S. 122.

[273] Anonym 1902d, S. 546.

[274] Anonym 1902d, S. 546. Die Tradierung der romantischen Exotisierung, gleichsam beide Vergangenheiten sentimentalisierend, ist bis heute Gegenstand der historischen Beschreibung: »Schon die große massige Eingangshalle mit den kräftigen Säulen und ihrem farbenfrohen Wandschmuck versetzte [die Besucher] wie durch einen Zeittunnel um Jahrtausende zurück in die große Zeit des Pharaonenreichs«, schreibt der ehemalige Zoodirektor Klös in seinem 1990 erschienenen Buch über de[n] »Berliner Zoo im Spiegel seiner Bauten«.

[275] Martin 1878, S. 123.

[276] Martin 1878, S. 202.

[277] Zu Geschichte und Konzeption des »Habitat Dioramas« vgl. etwa Wonders 1993, die vor allem auf die vielfältigen Ambivalenzen des Diorama-Konzepts hinweist – »taxonomic versus ecologic understanding; art versus science; popular education versus scientific documentation; culturally biased perception versus ›objectivity‹« (Wonders 1993, S. 9) –, welche auch anhand der Grundkonzeption der exotischen Tierhäuser im Berliner Zoo deutlich werden.

[278] Martin 1878, S. 123.

[279] Ende/Böckmann 1875, S. 7.

[280] H. Jäger 1863, zit. nach Rieke-Müller/Dittrich 1998, S. 212.

[282] Martin 1878, S. 148f.

[283] In Folge werden die Bezeichnungen »Kaufhaus« und »Warenhaus« wie im allgemeinen Sprachgebrauch üblich analog verwendet, obwohl die Differenzierung eigentlich dazu dient, die Einrichtungen hinsichtlich Warengruppen und Sortiment zu unterscheiden. Genau genommen sollte also immer von »Warenhaus« die Rede sein.

[284] Exposé des Projekts »Großstadt-Dokumente. Metropolenforschung und intellektuelles Milieu im Berlin der Jahrhundertwende« am Wissenschaftszentrum Berlin für Sozialforschung.

[285] Colze 1989, S. 11.

[286] Colze 1989, S. 12.

[287] Die Literatur zur Geschichte der Warenhäuser ist Legion. Zur Einführung vgl. etwa Lancaster 1995, Crossick/Jaumain 1999. Speziell zur Situation in Deutschland siehe Hocquél 1996, Coles 1999.

[288] Berthold 1911, S. 3.

289 Colze 1989, S. 12.
290 Holz, Arno: Die Insel 1, Heft 2, S. 125, zit. nach Sprengel 1998, S. 213.
291 Kracauer 1964, S. 32.
292 Pluto [Maximilian Harden], S. 624.
293 Pluto [Maximilian Harden], S. 624.
294 Ende/Böckmann 1877, S. 5.
295 Anonym 1902c, S. 162.
296 Ende/Böckmann 1877, S. 4.
297 Berthold 1911, o.S.
298 Colze 1989, S. 11.
299 Springer 1868, S. 62.
300 Springer 1868, S. 62.
301 Herter 1860, S. 5.
302 Anonym 1902c, S. 176.
303 Anonym 1902c, S. 162.
304 Ende/Böckmann 1875, S. 6
305 Ende/Böckmann 1876, S. 149. Zu Beginn wurde der Kontrast aus Licht und Schatten und die Beleuchtung der Ställe noch überall durch natürliches Licht hergestellt, elektrisches Licht wurde erst 1875 in Teilen des Gartens und der Tierhäuser eingeführt.
306 Baratay/Hardouin-Fugier 2000, S. 138.
307 Zur Geschichte zoologischer Taxonomien vgl. Ritvo 1997.
308 Bromme 1861, Einführung.
309 Mode-Catalog Wertheim 1903/04, Abb. 18, Hut Nr. 2119.
310 Ende/Böckmann 1875, S. 7.
311 Anonym 1902c, S. 161.
312 Zit. nach Rieke-Müller/Dittrich 1998, S. 55. Für Philipp Leopold Martin stellte sich das Verhältnis von Museum und Zoo, ›toter‹ Taxonomie und ›lebendiger‹ Bildhaftigkeit anders dar: Er verstand das Naturkundemuseum als »wirkliche Ergänzung« des Zoos, in dem jenes zeigen konnte, »was ein Garten lebender Thiere niemals in gleichem Grade bieten kann«, nämlich zu »biologischen Bildern« zusammengefasste Gruppen verschiedener Alters- und Entwicklungsstadien einzelner Arten. Allerdings unterschied er sich, wie Rieke-Müller/Dittrich feststellen, »in dieser Auffassung [...] deutlich von auf systematische Fragestellungen spezialisierten Zoologen, die für ihre vergleichenden Forschungen nach einheitlichen Kriterien präparierte Balgserien benötigten« (Rieke-Müller/Dittrich 1993, S. 188f.).
313 Hagenbeck 1909, S. 454.
314 Ames 2000, S. 141.
315 Ames 2000, S. 141.
316 Ames 2000, S. 141.
317 Ames 2000, S. 135.
318 Martin 1878, S. 98.
319 Kopp/Müller-Richter 2004, S. 8.
320 Vgl. Hochadel 2008.
321 Verzeichnis vom 31.12.1903, ATGS.
322 Hochadel 2008.
323 HHStA, OMeA, K. 1019 [1880], R. 75/16, Memorandum von Franz Steindacher, 17.1.1880.
324 HHStA, OMeA, K. 1019 [1880], R. 75/16, Gutachten von Franz Steindacher im Auftrag des Oha, 20.3.1880.
325 HHStA, OMeA, K. 1019 [1880], R. 75/1, Memorandum von Alois Kraus, 6.2.1880.
326 Kronfeld 1891, S. 21; zu einer detaillierten Beschreibung der Kraus'schen Umbauten vgl. Heindl 2002.
327 Kronfeld 1891, S. 21.
328 Kronfeld 1891, S. 21.
329 Nach Heindl 2002, S. 133f.
330 ATGS, Oha an MI, 26.02.1907.

331 Anonym [»Von einem Fachmanne«]: Der moderne Thiergarten, in: *Wiener Tagblatt*, 17.1.1893, zit. nach Knauer 1893, S. 54.
332 Heck 1911, S. 8.
333 Heck 1911, S. 8.
334 ATGS, MI, 13.1.1899.
335 Neue Freie Presse, 16.7.1889, S. 7.
336 Rumpler 1997, S. 15.
337 Memorandum Alois Kraus, 6.2.1880, HHStA, OMeA, K. 1019 [1880], R. 75/16.
338 Martin 1878, S. 97.
339 Knauer 1893, S. 8.
340 Siedler 1905, S. 200.
341 Arndt 1801, S. 224f.
342 Theaterzeitung, 28.6.1834.
343 Programmzettel N.W., undatiert, Wiener Stadt- und Landesbibliothek.
344 Programmzettel N.W., undatiert, Wiener Stadt- und Landesbibliothek.
345 Programmzettel N.W., undatiert [zum Weltausstellungsfest 1873].
346 Frühe Darstellungen dazu etwa schon bei Arndt 1801, Alexis 1833, Pichler 1839 und 1841, von Jagemann 1842.
347 Jäger 1863. S. 1f.; eine ausführlichere Geschichte des Pratertiergartens bei Rieke-Müller/Dittrich 2001, S. 170–185.
348 Knauer 1893, S. 8.
349 Knauer 1893, Begleitworte.
350 Knauer 1893, S. 19.
351 Neue Freie Presse, 12.4.1893, zit. nach Knauer 1893, Anhang.
352 Knauer 1893, S. 22f.
353 Knauer 1893, S. 26.
354 Knauer 1893, S. 23.
355 Knauer 1893, S. 38.
356 Neue Freie Presse, 12.4.1893, zit. nach Knauer 1893, Anhang.
357 Knauer 1893, S. 26.
358 Knauer 1893, S. 26.
359 Schwarz 2001, S. 15.
360 Neue Freie Presse, 12.4.1893, zit. nach Knauer 1893, Anhang.
361 Neue Freie Presse, 25.3.1893, zit. nach Knauer 1893, Anhang.
362 Neue Freie Presse, 25.3.1893, zit. nach Knauer 1893, Anhang.
363 Neuigkeits-Welt-Blatt, 1.4.1893, zit. nach Knauer 1893, Anhang.
364 Knauer 1893, S. 24.
365 Knauer 1893, S. 89.
366 Dazu Klusacek/Stimmer 1978, S. 156.
367 Schwarz 2001, S. 131f.
368 Richter 1794–1813, 2. Heft, 1. Brief/1802, S. 6.
369 Fremdenblatt, 24.2.1893, zit. nach Knauer 1893, S. 59.
370 Kronfeld 1902, S. 18.
371 Kopp/Müller-Richter 2004, S. 11.
372 Kopp/Müller-Richter 2004, S. 5.
373 Springer 1870, S. 185f.
374 Fürst, Arthur: Weltreich der Technik, zit. nach Heimatmuseum Charlottenburg 1990, S. 27.
375 Springer 1870, S. 185f.
376 Schivelbusch 1977, S. 167.
377 Schivelbusch 1977, S. 167.
378 Schivelbusch 1977, S. 168.
379 Justinus 1889, S. 78f.
380 Dazu besonders Ritvo 1984.
381 Justinus 1889, S. 80f.
382 Justinus 1889, S. 81f.

[383] Ring 1882, S. 273.
[384] Bölsche, Wilhelm: Berlin nach der Windrose, zit. nach Schutte/Sprengel 1987, S. 32f.
[385] Heller, Fred: Ottakring, Die Kleinstadt. In: *Der Tag*, 16.9.1923, zit. nach Maderthaner/Musner 1999, S. 86.
[386] Rudolf Borchardt, Rede über Hofmannsthal (1902), zit. nach Bachmann-Medik 1996, S. 17.
[387] Für Wien vgl. dazu Maderthaner/Musner 1999.
[388] Hessen, S. 660.
[389] Sprengel/Streim 1998, S. 315.
[390] Endell 1995, S. 174.
[391] Endell 1995, S. 177f.
[392] Endell 1995, S. 178.
[393] Endell 1995, S. 185.
[394] Endell 1995, S. 129–131.
[395] Ein Überblick der wichtigsten Stilmerkmale und Motive der (Berliner) »expressionistischen Moderne« sowie der Forschungsliteratur zu diesem Thema findet sich etwa bei Anz 2002.
[396] Boldt 1912.
[397] Sprengel/Streim 1998, S. 301.
[398] Sprengel/Streim 1998, S. 357.
[399] Hofmannsthal 1959, S. 107.
[400] Dazu ausführlich Sprengel/Streim 1998.
[401] Wilhelm 2001, S. 98.
[402] Sitte 1972, S. 1.
[403] Sitte 1972, S. 113.
[404] von Brentano, Bernhard: Zu Fuss nach Indien. In: Ders.: Wo in Europa ist Berlin? Bilder aus den zwanziger Jahren. Frankfurt/Main 1981, zit. nach Damm 1994, S. 49.
[405] Dunlop 1996, S. 14.

Quellen- und Literaturverzeichnis

Ungedruckte Quellen

Archiv des Tiergartens Schönbrunn/Wien (ATGS):

Kraus an Obersthofmeisteramt, 3.2.1880;
Steindacher an Obersthofmeisteramt, 17.1.1880;
Memorandum von Alois Kraus, 6.2.1880;
Menagerieinspektion 13.1.1899, 27.5.1899, 6.6.1899, 23.4.1902, 28.6.1902, 2.7.1902, 20.12.1902, 26.7.1903, 27.2.1907, 05/1911;
Menagerieinspektion an Obersthofmeisteramt 10.5.1901, 8.12.1904, 16.12.1906;
Menagerieinspektion an Friedrich Knauer, 12.2.1906, 20.2.1907;
Friedrich Knauer an Menagerieinspektion 6.6.1899, 5.5.1903, 14.2.1907, 22.2.1907, 14.12.1910;

Geheimes Staatsarchiv Preußischer Kulturbesitz/Berlin (GstaatsA):

Hist. Abt. Rep. 49 Nr. F 25;
Hist. Abt. Rep. 76 V a Sekt. 2 Tit 10 Nr. 49;
Hist. Abt. Rep. 76 V c Sekt. 1 Tit 12;
Hist. Abt. Rep. 76 V c Sekt 2 Tit 23 Litt A Nr. 37, 56;
Hist. Abt. Rep. 151 I C Nr. 2312 Bd. 1;
Hist. Abt. II 2.2.1 Nr. 20714–20716, Nr. 20017, Nr. 31789, Nr. 31823–31825;

Haus-, Hof und Staatsarchiv/Wien (HHStA):

Obersthofmeisteramt (OMeA) 75/1840;
Obersthofmeisteramt (OMeA) 75/1866;
Obersthofmeisteramt (OMeA) 75/1879;
Obersthofmeisteramt (OMeA) 75/1880;

Gedruckte Quellen

Aktien-Verein des Zoologischen Gartens zu Berlin (Hrsg.): Führer durch den Zoologischen Garten Berlin. Berlin 1851.
Aktien-Verein des Zoologischen Gartens zu Berlin (Hrsg.): Führer durch den Zoologischen Garten Berlin. Berlin 1866.
Aktien-Verein des Zoologischen Gartens zu Berlin (Hrsg.): Führer durch den Zoologischen Garten Berlin. Berlin 1871.
Aktien-Verein des Zoologischen Gartens zu Berlin (Hrsg.): Führer durch den Zoologischen Garten Berlin. Berlin 1872.
Aktien-Verein des Zoologischen Gartens zu Berlin (Hrsg.): Führer durch den Zoologischen Garten Berlin. Berlin 1901.
Anonym: Neuestes Sittengemählde von Wien. Wien 1801.

Anonym: Neueste Beschreibung der Kais. Kön. Haupt- und Residenzstadt Wien und der in der Gegend befindlichen kaiserl. Königl. Lustschlösser, Gärten, anderer vorzüglicher Gebäude, Kunst- und Naturmerkwürdigkeiten. Wien 1808.

Anonym: Neueste Beschreibung von Wien, mit vorzüglicher Rücksicht auf alle Merkwürdigkeiten dieser großen Kaiserstadt. Wien, Triest 1818.

Anonym: Originalien aus dem Gebiete Wahrheit, Kunst, Laune und Phantasie. Wien 1829.

Anonym: Noch ein Besuch im zoologischen Garten zu London. In: Gartenlaube 29/1856, S. 385–386.

Anonym: Ein Besuch im zoologischen Garten zu Berlin. In: Gartenlaube 6/1858, S. 672–676.

Anonym: Im Zoologischen Garten. In: Gartenlaube 9/1861, S. 300.

Anonym: Berlin, Potsdam und Umgebungen. Praktischer Wegweiser (= Bd. 6: Griebens Reise-Bibliothek). Berlin 1884.

Anonym: Neuester Führer durch Berlin (= Bd. 49: Griebens Reise-Bibliothek). Berlin 1892.

Anonym: Plaudereien und Skizzen aus dem Zoologischen Garten. Berlin 1896.

Anonym: Die Umwandlung und die Neubauten des Zoologischen Gartens. In: Deutsche Bauzeitung 36/1902, Nr. 22 (S. 137–140), 24 (S. 149–151), 26 (S. 161–163), 85 (S. 545–548), 86 (S. 549–554)

Anonym: Die Umwandlung und die Neubauten des Zoologischen Gartens. In: Deutsche Bauzeitung 36/1902a, S. 137–140.

Anonym: Die Umwandlung und die Neubauten des Zoologischen Gartens. In: Deutsche Bauzeitung 36/1902b, S. 149–151.

Anonym: Die Umwandlung und die Neubauten des Zoologischen Gartens. In: Deutsche Bauzeitung 36/1902c, S. 161–163, S. 176.

Anonym: Die Umwandlung und die Neubauten des Zoologischen Gartens. In: Deutsche Bauzeitung 36/1902d, S. 545–548.

Anonym: Die Umwandlung und die Neubauten des Zoologischen Gartens. In: Deutsche Bauzeitung 36/1902e, S. 549–554.

Anonym: Berlin und Umgebung. Praktischer Wegweiser. Berlin 1905.

Anonym: Der Zoologische Garten zu Berlin. In: Deutsche Bauzeitung 46/1912a, S. 1–6.

Anonym: Der Zoologische Garten zu Berlin. In: Deutsche Bauzeitung 46/1912b, S. 29–35.

Anonym: Berlin für Kenner. Ein Bärenführer bei Tag und Nacht durch die deutsche Reichshauptstadt. Berlin 1912c.

van der Ahé, Caesar: Die Menagerie auf der »Königlichen Pfaueninsel«. Der Ursprung des Berliner Zoologischen Gartens. In: Mitteilungen des Vereins für die Geschichte Berlins 47/1930, S. 1–24.

Alexis, Willibald: Reise durch Österreich, Süddeutschland und die Schweiz. Berlin 1833.

Arndt, Ernst Moriz: Bruchstücke aus einer Reise von Baireuth bis Wien im Sommer 1798. Leipzig 1801.

Bab, Julius/Handl, Willy: Wien und Berlin. Vergleichende Kulturgeschichte der beiden deutschen Hauptstädte. Berlin 1926.

Benjamin, Walter: Tiergarten. In: Berliner Kindheit um Neunzehnhundert (= Gesammelte Schriften IV, Bd. 1., hrsg. von Rolf Tiedemann, Hermann Schweppenhäuser) Frankfurt/Main 1972, S. 237–239.

Benjamin, Walter: Charles Baudelaire. Ein Lyriker im Zeitalter des Hochkapitalismus. (= Gesammelte Schriften II, hrsg. von Rolf Tiedemann) Frankfurt/Main 1974.

Benjamin, Walter: Das Passagen-Werk (= Gesammelte Schriften V, Bd. 1 & 2, hrsg. von Rolf Tiedemann, Hermann Schweppenhäuser). Frankfurt/Main 1982.

Benjamin, Walter: Die Wiederkehr des Flaneurs. In: Franz Hessel: Ermunterungen zum Genuß. Kleine Prosa. Hrsg. von Karin Grund, Bernd Wille. Berlin 1988, S. 253–258.

Béringuer, Richard: Geschichte des Zoologischen Gartens in Berlin. Berlin 1877.

Berthold, Hans: Hermann Tietz. Alexanderplatz. Zur Eröffnung des Erweiterungsbaues 1911. Berlin 1911.

Beumer, Philip Jacob: Wanderungen durch den Zoologischen Garten. Dargestellt in naturgetreuen Abbildungen der Thiergruppen des Zoologischen Gartens zu Berlin. Wesel 186X.

Bodinus, Heinrich/Schmidt, Max/Heck, Ludwig: Die Thierwelt im Zoologischen Garten von Berlin. Berlin 1874.

Bormastino, Antonio: Historische Beschreibung von der Kayserlichen Residenz-Stadt Wienn und ihren Vor Städten [...]. Wien 1719.

Boldt, Paul: Auf der Terrasse des Café Josty. In: Die Aktion, 2/1912, Sp. 1456.

Brehm, Alfred Edmund: Illustriertes Thierleben: Eine allgemeine Kunde des Thierreichs. Band 1–6. Hildenburgshausen 1864–1869.

Brehm, Alfred Edmund/Zimmermann, [Th.]: Bilder und Skizzen aus dem Zoologischen Garten zu Hamburg. Hamburg 1865.

Bromme, Traugott: Systematischer Atlas der Naturgeschichte für Schule und Haus. Stuttgart 1861.

Bucher, [B.]/Weiss, [K.] (Hrsg.): Wien. Führer für Fremde und Einheimische. 1. Teil: Wiener Baedeker. Wanderungen durch Wien und Umgebungen. Wien o. J.

Colze, Leo: Berliner Warenhäuser (= Großstadt-Dokumente Bd. 47, hrsg. von Hans Oswald) [1908]. Berlin 1989.

Duncker, Dora: Plaudereien & Skizzen aus dem Zoologischen Garten. Berlin 1896.

Ende, Hermann/Böckmann, Wilhelm: Der Zoologische Garten zu Berlin. In: Zeitschrift für Bauwesen 25/1875, S. 3–8; 9–12; 127–132.

Ende, Hermann/Böckmann, Wilhelm: Der Zoologische Garten zu Berlin. In: Zeitschrift für Bauwesen 26/1876, S. 149–152.

Ende, Hermann/Böckmann, Wilhelm: Die Baulichkeiten des Zoologischen Gartens in Berlin. Berlin 1877.

Endell, August: Vom Sehen. Texte 1896–1925. Über Architektur, Formkunst und ›Die Schönheit der großen Stadt‹. Hrsg. von Helge David. Basel 1995.

Fidelis: Vier Wochen Wien. Ein Taschenbuch für Fremde von Fidelis. Wien 1827.

Fischer, Julius Wilhelm: Reisen durch Österreich, Ungarn, Steyermark, Venedig, Böhmen und Mähren in den Jahren 1801 und 1802. Wien 1803.

Fitzinger, Leopold: Versuch einer Geschichte der Menagerien des österreichisch-kaiserlichen Hofes. Mit besonderer Berücksichtigung der Menagerie zu Schönbrunn. Nebst einer Aufzählung der in denselben gehaltenen Thiere von der ältesten bis auf die neueste Zeit (= Sonderdruck: Sitzungsberichte der kaiserlichen Akademie der Wissenschaften, mathematisch-naturwissenschaftliche Klasse, Bd. 10, Heft 3, März/April 1853). Wien 1853.

Fitzinger, Leopold: Bilder-Atlas zur wissenschaftlich-populären Naturgeschichte der Säugethiere in ihren sämmtlichen Hauptformen. Wien 1860.

Fitzinger, Leopold: Die kaiserliche Menagerie zu Schönbrunn. Eine populäre Schilderung sämtlicher Thiere derselben. Wien 1875.

Freschot, Casimir: Relation von dem kayserlichen Hofe zu Wien [...]. Cölln, 1705.

Gaebler, [B.]: Der Zoologische Garten zu Berlin. In: Der Zoologische Garten 24/1883, S. 208.

Griebens Reiseführer Berlin. Berlin 1884.

Griebens Reiseführer Berlin. Berlin 1911.

Gurk, Eduard: Die Girafe in der Menagerie des k. u. k. Lustschlosses Schönbrunn. Wien 1828.

Hagenbeck, Carl: Von Tieren und Menschen. Berlin 1909.

Hanns, Theo: Der billige Sonntag im Zoo. Berlin 1926.

Heck, Ludwig: Naturgeschichtlicher Führer durch den Berliner Zoologischen Garten. Berlin 1896.

Heck, Ludwig: Lebende Bilder aus dem Reiche der Tiere. Augenblicksaufnahmen nach dem lebenden Tierbestande des Berliner Zoologischen Gartens. Berlin 1899.

Heck, Ludwig: Führer durch den Zoologischen Garten Berlin. Berlin 1903.

Heck, Ludwig: Führer durch den Zoologischen Garten Berlin. Berlin 1911.

Heck, Ludwig: Führer durch den Zoologischen Garten Berlin. Berlin 1912.

Heck, Ludwig: Heiter-ernste Lebensbeichte. Erinnerungen eines alten Tiergärtners. Berlin [1941]

Herter, [?]: Das Haus für den Elephanten, für Giraffen und andere derartige Thiere im Zoologischen Garten zu Berlin. In: Zeitschrift für Bauwesen 10/1860, S. 479–482.

Hessel, Franz: Ein Flaneur in Berlin (= Neuausgabe von: Ders.: Spazieren in Berlin. Berlin 1929). Berlin 1984.

Hessel, Franz: Ermunterungen zum Genuß. Kleine Prosa. Hrsg. von Karin Grund, Bernd Witte. Berlin 1988.

Hessen, Robert: Die neue Bauordnung für die Berliner Vororte. In: Die Zukunft 1/1892, S. 659–663.

von Hofmannsthal, Hugo: Aufzeichnungen. Hrsg. von Herbert Steiner. Frankfurt/Main 1959.

Hübner, Oskar/Moegelin, Johannes (Hrsg.): Im steinernen Meer. Großstadtgedichte. Berlin 1910.

von Humboldt, Alexander: Kosmos. Entwurf einer physischen Weltbeschreibung [1845]. Hrsg. von Hanno Beck. Darmstadt 1993.

Jäger, Gustav: Kurzer Führer durch den neueröffneten Wiener Thiergarten am Schüttel. Wien 1863.

von Jagemann, Ludwig: Deutsche Städte und Deutsche Männer. Reiseskizzen aus den Jahren 1837–1840. Leipzig 1842.

Justinus, Oscar: Auf rollendem Rade. Berlin 1889.

Khevenhüller-Metsch, Johann Josef: Aus der Zeit Maria Theresias. Tagebuch des Fürsten Johann Josef Khevenhüller-Metsch 1752–1755. Hrsg. von Rudolf Khevenhüller-Metsch, Hans Schlitter. Wien, Leipzig 1910.

Khevenhüller-Metsch, Johann Josef: Tagebuch 1756–1757. Wien, Leipzig 1914.

Khevenhüller-Metsch, Johann Josef: Aus der Zeit Maria Theresias. Tagebuch des Fürsten Johann Josef Khevenhüller-Metsch 1770–1773. Hrsg. von Rudolf Khevenhüller-Metsch, Hans Schlitter. Wien, Leipzig 1925.

Khevenhüller-Metsch, Johann Josef: Aus der Zeit Maria Theresias. Tagebuch des Fürsten Johann Josef Khevenhüller-Metsch Tagebuch 1774–1776. Hrsg. von Maria Brennlich-Pawlik, Hans Wagner. Wien 1972.

Knauer, Friedrich: Ein Ausflug nach Schönbrunn. Belehrender Wegweiser für den Besuch der Menagerie, des botanischen Gartens und der übrigen Anlagen. Wien 1879.

Knauer, Friedrich: Zur Gründung eines Großen Zoologischen Gartens in Wien. Vorschläge und Anregungen. Wien 1891.

Knauer, Friedrich: Zur Gründung des neuen Wiener Thiergartens. Erreichtes und Geplantes. Wien 1893.

Knauer, Friedrich: Schönbrunn. Belehrender Führer für den Besuch der Menagerie, des botanischen Gartens und der übrigen Anlagen. Wien 1903.

Kracauer, Siegfried: Straßen in Berlin und anderswo. Frankfurt/Main 1964.

Kracauer, Siegfried: Das Ornament der Masse. Frankfurt/Main 1984.

Kracauer, Siegfried: Berliner Nebeneinander. Ausgewählte Feuilletons 1930–33. Hrsg. von Andreas Volk, Zürich 1996.

Kronfeld, Ernst Moriz: Das neue Schönbrunn. Schilderung des Schlosses, des Parks, der Menagerie, des botanischen Gartens, des Palmenhauses und des Reservegartens, nach dem neuesten Stande. Wien 1891.

Kronfeld, Ernst Moriz: 150 Jahre Schönbrunner Tiergarten (1752–1902). Wien 1902.

Kronfeld, Ernst Moriz: Schönbrunner Tierbilder. Zum 150jährigen Bestande des Gartens. Wien 1903.

Küchelbecker, Johann Basilius: Allerneuste Nachricht vom Roemisch-Kayserlichen Hofe nebst einer Ausführlichen Beschreibung der Kayserlichen Residenz-Stadt Wien, und der herumliegenden Oerter. Theils aus der Geschichte, theils aus eigenen Erfahrungen zusammen getragen und mit saubern Kupffern ans Licht gegeben. Wien 1732.

von Lattorf, Heinrich: Flüchtige Notizen über den Zoologischen Garten mit Bezugnahme auf landwirthschaftliche und technische Verhältnisse. Berlin 1846.

Lenné, Peter Joseph/Bethe, Carl G.: Über Trift- und Feldpflanzungen. In: Verhandlungen des Vereins zur Beförderung des Gartenbaus in den Königlich Preußischen Staaten. Bd. 1 & 2, Berlin 1826.

Leutemann, Heinrich: Im Berliner zoologischen Garten. In: Ueber Land und Meer 17/1875, S. 186.

Lichtenstein, Martin Heinrich: Führer durch den Zoologischen Garten. Berlin 1847.
Loisel, Gustave: Histoire des ménageries de l'antiquité à nos jours. Paris 1912.
de Luca, Ignaz: Topographie von Wien. Wien 1794.
Martin, Phillip Leopold: Naturstudien. Die botanischen, zoologischen und Akklimatisationsgärten, Menagerien, Aquarien und Terrarien in ihrer gegenwärtigen Entwicklung, nebst Vorschlägen und Entwürfen für die Anlegung von Naturgärten in kleineren Verhältnissen und grösseren Centralgärten für Natur- und Völkerkunde. Weimar 1878.
Mercier, Louis-Sébastien: Tableau de Paris. Bilder aus dem vorrevolutionären Paris [1781]. Zürich 1990.
Noll, [C. F.]: Der Zoologische Garten zu Berlin. In: Der Zoologische Garten 8/1867, S. 391.
von Paula Gaheis, Franz: Wanderungen und Spazierfahrten in die Gegenden um Wien. Wien 1801.
Pichler, Caroline: Zeitbilder. Wien in der letzten Hälfte des 18. Jahrhunderts. In: Dies.: Gesammelte Werke, Bd. 51. Wien, Leipzig 1839.
Pichler, Caroline: Zeitbilder. Wien in der gegenwärtigen Zeit. In: Dies.: Gesammelte Werke, Bd. 52. Wien, Leipzig 1841.
Pluto [Maximilian Harden]: Das Kaufhaus. In: Die Zukunft 6/1894, S. 624–628.
Reinhold, Alfred: Ausführungen über städtische Pflanzungen, Parkanlagen, Thiergärten und Glashäuser. Wien 1898.
Richter, Joseph: Briefe des jungen Eipeldauers an seinen Herrn Vetter in Kakran 1794–1813. Wien 1794–1813.
Richter, [H. E.]: Der Zoologische Garten zu Berlin. In: Gartenlaube 24/1860, S. 379–382.
Ring, Max: Berliner Leben. Kulturstudien und Sittenbilder. Leipzig, Berlin 1882.
Schilling, August: Ein Menageriebesuch. Humoristische Wiener Skizze. In: Der Österreichische Zuschauer 107/1840, S. 1065–1067.
Schimmer, Karl August: Vollständige Beschreibung von Wien, deßen Eigenthümlichkeiten, innere und äußere Gestaltung, Merkwürdigkeiten, amtliches und Geschäftsleben, Industrie, Handel und Gewerbe, Kunst, Literatur und geselliges Leben. Wien 1848.
Schimmer, Karl August: Beschreibung der Haupt- und Residenzstadt Wien. Mit einem Fremdenführer. Wien 1866.
Schmidt-Weißenfels: Aus dem Berliner Leben. Ein Familienhaus. In: Ueber Land und Meer 12/1870, S. 99–100.
Siedler, Maximilian: Altes und Neues aus dem Schönbrunner Zoologischen Garten. In: Der Zoologische Garten 46/1905, S. 260–271.
Siedler, Maximilian: Mitteilungen aus dem Schönbrunner Zoologischen Garten in Wien. In: Der Zoologische Garten 48/1907, S. 11–13; S. 161–164.
Simmel, Georg: Die Großstädte und das Geistesleben. In: Ders.: Aufsätze und Abhandlungen 1901–1908, Bd. 1 [1903]. Frankfurt/Main 1995, S. 116–131.
Sitte, Camillo: Der Städtebau nach seinen künstlerischen Grundsätzen [1889]. Wien 1972.
Springer, Robert: Berlin wird Weltstadt. Ernste und heitere Culturbilder. Berlin 1868.
Springer, Robert: Berliner Prospecte und Physiognomien. Berlin 1870.
Springer, Robert: Die deutsche Kaiserstadt. Berlin 1877.
Statistisches Amt der Stadt Berlin (Hrsg.): Statistisches Jahrbuch der Stadt Berlin 9/1881. Berlin 1883.
Statistisches Amt der Stadt Berlin (Hrsg.): Statistisches Jahrbuch der Stadt Berlin 16/17 1889/90. Berlin 1893.
Statistisches Amt der Stadt Berlin (Hrsg.): Statistisches Jahrbuch der Stadt Berlin 27/1900–1902. Berlin 1903.
Statistisches Amt der Stadt Wien (Hrsg.): Statistisches Jahrbuch der Stadt Wien. Wien 1860–1910.
Stricker, Wilhelm: Geschichte der Menagerien und zoologischen Gärten. Berlin 1879.
Mistress Trollope: Wien und die Österreicher. Leipzig 1838.
Verein für Denkmalpflege und Heimatschutz in Niederösterreich (Hrsg.): Die Krongüter und ihre Zukunft. Lainzer Tiergarten, Lobau, Schönbrunn. Wien, Leipzig 1919.
Vogt, Hermann: August Borsig. Ein Lebensbild. Vortrag im Verein der Geschichte Berlins. Berlin 1880.

Warenhaus A. Wertheim (Hrsg.): Mode-Catalog 1903/04 [1903]. Hildesheim, New York 1979.

Weidmann, [F. C.]: Neuestes Panorama von Wien, oder malerische Ansichten der vornehmsten und merkwürdigsten Plätze, Straßen, Paläste, Kirchen, Klöster und anderen vorzüglichen Gebäuden der k.k. Haupt- und Residenzstadt Wien, ihrer Vorstädte und Umgegend. Wien o.J.

Weinland, David Friedrich: Was wir wollen. In: Der Zoologische Garten 1/1859, S. 1–7.

Weinland, David Friedrich: Was ein zoologischer Garten leisten soll. In: Der Zoologische Garten 2/1861, S. 1–6.

Weinland, David Friedrich: Über den Ursprung und die Bedeutung der neueren zoologischen Gärten. In: Der Zoologische Garten 3/1862, S. 1–3.

Forschungsliteratur

Abrams, Lynn: Workers' Culture in Imperial Germany. Leisure and Recreation in the Rheinland and Westphalia. London 1992.

Åkerberg, Sofia: Nature simplified. The illusion of nature in zoos. In: E. Mårald, C. Nordlund, L. Pitkä-Kangas, S. Åkerberg (Hrsg.): Nature improved? Interdisciplinary Essays on Humanitiy's Relationship with Nature. Umeå 1999.

Åkerberg, Sofia: Knowledge and Pleasure at Regent's Park. The Gardens of the Zoological Society of London during the Nineteenth Century. Umeå 2001.

Ames, Eric: Wilde Tiere. Carl Hagenbecks Inszenierung des Fremden. In: Alexander Honold, Klaus Scherpe (Hrsg.): Das Fremde. Reiseerfahrungen, Schreibformen und kulturelles Wissen (= Zeitschrift für Germanistik Beiheft 2). Bern, Berlin u.a., 2000, S. 123–148.

Anz, Thomas: Literatur des Expressionismus. Stuttgart, Weimar 2002.

Apel, Friedmar (Hrsg.): Deutscher Geist und deutsche Landschaft. München 1998.

Artinger, Kai: Von der Tierbude zum Turm der blauen Pferde: Die künstlerische Wahrnehmung im Zeitalter der zoologischen Gärten. Berlin 1995.

Ash, Mitchell G./Dittrich, Lothar (Hrsg.): Menagerie des Kaisers – Zoo der Wiener. 250 Jahre Tiergarten Schönbrunn. Wien 2002.

Ash, Mitchell G. (Hrsg.): Mensch, Tier und Zoo – Der Tiergarten Schönbrunn im internationalen Vergleich vom 18. Jahrhundert bis heute. Wien 2008.

Bachmann-Medick, Doris (Hrsg.): Kultur als Text. Die anthropologische Wende in den Literaturwissenschaften. Frankfurt/Main 1996.

Baratay, Eric/Hardouin-Fugier, Elisabeth: Zoo. Von der Menagerie zum Tierpark. Berlin 2000.

Barthes, Roland: Mythen des Alltags. Frankfurt/Main 1957.

Barthes, Roland: Elemente der Semiologie. Frankfurt/Main 1979.

Bell, Catherine (Hrsg.): Encyclopedia of the World's Zoos. London 2001.

Berger, John: Das Leben der Bilder oder die Kunst des Sehens. Berlin 1991.

Böhme, Gernot: Anmutungen. Über das Atmosphärische. Stuttgart 1998.

Böhme, Harmut/Scherpe, Klaus (Hrsg.): Literatur und Kulturwissenschaften. Positionen, Theorien, Modelle. Reinbek bei Hamburg 1996.

Bourdieu, Pierre: Physischer, sozialer und angeeigneter Raum. Manuskript zur Conference on Poverty, Immigration and Urban Marginality in Advanced Societies/Maison Suger, Paris, Mai 1991. In: Martin Wentz (Hrsg.): Stadt-Räume (= Bd. 2: Die Zukunft des Städtischen. Frankfurter Beiträge, hrsg. vom Dezernat Stadtplanung der Stadt Frankfurt/Main). Frankfurt/Main 1991, S. 25–34.

Brachteka, Julius: Schönbrunn und sein Tiergarten. Wien 1947.

Brandstetter, Gabriele: Wege und Karten. In: Gerhard Neumann, Sigrid Weigel: Lesbarkeit der Kultur. Literaturwissenschaften zwischen Kulturtechnik und Ethnographie, München 2000, S. 465–483.

Brantlinger, Patrick: Bread and Circuses. Theories of Mass Culture as Social Decay. Ithaca, London 1983.

Brenner, Peter: Der Reisebericht in der deutschen Literatur. Ein Forschungsüberblick als Vorstudie zu einer Gattungsgeschichte (= Internationales Archiv für Sozialgeschichte der deutschen Literatur, Sonderheft 2). Tübingen 1990.
Bromley, Roger/Gottlich, Udo/Winter, Carsten (Hrsg.): Cultural Studies. Grundlagentexte zur Einführung. Lüneburg 1999.
Bruckmüller, Ernst/Döcker, Ulrike/Stekl, Hannes/Urbanitsch, Peter (Hrsg.): Bürgertum in der Habsburgermonarchie. Wien, Köln 1990.
Brüggemann, Heinz: Durchdringung und Transparenz. Die Großstadt und das Auge der Modernität. In: Gerhard Melzer (Hrsg.): Stadtkultur-Kulturstadt. Graz 1994, S. 103–134.
Brunn, Gerhard: Metropolis Berlin. Berlin als deutsche Hauptstadt im Vergleich europäischer Hauptstädte 1871–1939. Bonn, Berlin 1992.
Bryman, Alan: Disney and his Worlds. London, New York 1995.
Buchner, Jutta: Kultur mit Tieren. Zur Formierung des bürgerlichen Tierverständnisses im 19. Jahrhundert (= Internationale Hochschulschriften 206). Münster 1996.
Buchner-Fuhs, Jutta: Wildheit im Stadtraum. Zur Geschichte der zoologischen Gärten im 19. Jahrhundert. In: Rolf Wilhelm Brednich, Annette Schneider, Ute Werner (Hrsg.): Natur-Kultur. Volkskundliche Perspektiven auf Mensch und Umwelt. Münster u.a. 2001, S. 291–303.
Buck-Morss, Susan: Dialektik des Sehens. Walter Benjamin und das Passagen-Werk. Frankfurt/Main 1993.
Buttlar, Florian von: Peter Joseph Lenné. Volkspark und Arkadien. Berlin 1989.
de Certeau, Michel: Kunst des Handelns. Berlin 1988.
Cobineau-Hoffmann, Angelika: Kleine Literaturgeschichte der Großstadt. Darmstadt 2003.
Coles, Tim: Department stores as retail innovation in Germany: A historical-geographical perspective on the period 1870–1914. In: Geoffrey Crossick, Serge Jaumain (Hrsg): Cathedrals of Consumption. The European Department Store 1850–1939. Aldershot 1999, S. 72–96.
Crary, Jonathan: Techniken des Betrachters. Sehen und Moderne im 19. Jahrhundert. Dresden, Basel 1996.
Croke, Vicki: The Modern Ark. The Story of Zoos: Past, Present and Future. New York 1997.
Crossick, Geoffrey/Jaumain, Serge (Hrsg.): Cathedrals of Consumption. The European Department Store 1850–1939. Aldershot 1999.
Damm, Steffen (Hrsg.): Der Poet im Affenhaus. Zoogeschichten. Berlin 1994.
Daum, Andreas: Wissenschaftspopularisierung im 19. Jahrhundert. Bürgerliche Kultur, naturwissenschaftliche Bildung und die deutsche Öffentlichkeit 1848–1914. München, Wien 1998.
Dittrich, Lothar: Fürstliche Menagerien im deutschsprachigen Raum ab den 1760er Jahren bis zur Gründung der Zoologischen Gärten Mitte des 19. Jahrhunderts. In: Ders., Dietrich von Engelhard, Annelore Rieke-Müller: Die Kulturgeschichte des Zoos (= Bd. 3: Ernst Haeckel-Studien zur Geschichte der Biowissenschaften und Medizin). Berlin 2001, S. 67–81.
Dittrich, Lothar/Rieke-Müller, Annelore: Ein Garten für Menschen und Tiere. 125 Jahre Zoo Hannover. Hannover 1990.
Dittrich, Lothar/Rieke-Müller, Annelore: Carl Hagenbeck (1844–1913). Tierhandel und Schaustellungen im deutschen Kaiserreich. Frankfurt/Main 1998.
Dittrich, Lothar/von Engelhard, Dietrich/Rieke-Müller, Annelore: Die Kulturgeschichte des Zoos (= Bd. 3: Ernst Haeckel-Studien zur Geschichte der Biowissenschaften und Medizin) Berlin 2001.
Döcker, Ulrike: Bürgerlichkeit und Kultur – Bürgerlichkeit als Kultur. Eine Einführung. In: Ernst Bruckmüller, Ulrike Döcker, Hannes Stekl, Peter Urbanitsch (Hrsg.): Bürgertum in der Habsburgermonarchie. Wien, Köln 1990, S. 95–104.
Donald, James: This, Here, Now. The City of Modern Imagination. Perth 1998.
Donald, James: Imagining the Modern City. Minneapolis 1999.
Dunlop, Beth: Building a Dream. The Art of Disney Architecture. New York 1996.
During, Simon (Hrsg.): The Cultural Studies Reader. London, New York 1993.
Ebner, Paulus: Der Tiergarten und die Medien. In: Mitchell G. Ash, Lothar Dittrich (Hrsg.):

Menagerie des Kaisers – Zoo der Wiener. 250 Jahre Tiergarten Schönbrunn. Wien 2002, S. 441–461.
Engel, Helmut/Jensch-Wenzel, Stefi/Treue, Wilhelm: Tiergarten. Teil 1: Vom Brandenburger Tor zum Zoo (= Bd. 2 Geschichtslandschaft Berliner Orte und Ereignisse). Berlin 1989.
Engelmann, Jan (Hrsg.): Die kleinen Unterschiede. Der Cultural Studies Reader. Frankfurt/Main, New York 1999.
Feigl, Markus: Tierschaustellungen in Wien. Katalog der Wechselausstellungen der Wiener Stadt- und Landesbibliothek 241. Wien 2002.
Fiedler, Walter (Hrsg.): Tiergarten Schönbrunn. Geschichte und Aufgaben. Wien 1976.
Fiske, John: Populärkultur: Erfahrungshorizonte im 20. Jahrhundert. Ein Gespräch mit John Fiske. In: montage/av 2/2000, S. 5–18.
Fiske, John: Lesarten des Populären (= Bd. 1: Cultural Studies) Hrsg. von Christina Lutter, Markus Reisenleitner. Wien 2001.
Foucault, Michel: Andere Räume. Vortrag am Cercle d'Etudes Architecturales/Paris, März 1967. In: Martin Wentz: Stadt-Räume (= Bd. 2: Die Zukunft des Städtischen. Frankfurter Beiträge. Hrsg. vom Dezernat Stadtplanung der Stadt Frankfurt/Main). Frankfurt/Main 1991, S. 65–72.
Foucault, Michel: Das Leben der infamen Menschen. In: Tumult 4/1982, S. 41–57.
Frisby, David: Fragmente der Moderne: Georg Simmel – Siegfried Kracauer – Walter Benjamin. Rheda-Wiedenbrück 1989.
Frith, Simon: Das Gute, das Schlechte und das Mittelmäßige. Zur Verteidigung der Populärkultur gegen den Populismus. In: Roger Bromley, Udo Göttlich, Carsten Winter (Hrsg.): Cultural Studies. Grundlagentexte zur Einführung. Lüneburg 1999.
Fritzsche, Peter: Reading Berlin 1900. Harvard University Press, Cambridge/Mass. 1996.
Gleber, Anke: The art of taking a walk. Flanerie, literature and film in Weimar Culture. Princeton 1999.
Göttlich, Udo (Hrsg.): Die Werkzeugkiste der Cultural Studies. Bielefeld 2001.
Gottschalk, Wolfgang (Hrsg.): Bahnhöfe in Berlin. Photographien von Max Missmann 1903–1930. Berlin 1991.
Graczyk, Annette: Der Zoo als Tableau. Unveröffentlichtes Manuskript zur Tagung »Mensch, Tier, Zoo« am Internationalen Forschungszentrum Kulturwissenschaften (IFK). Wien 2000.
Graczyk, Annette: Der Zoo als Tableau. In: Mitchell G. Ash (Hrsg.): Tiere, Natur, Kultur – Der Tiergarten Schönbrunn im internationalen Vergleich vom 18. Jahrhundert bis heute. Wien, 2008, S. 97–110.
Grossberg, Larry: ›Birmingham‹ in Amerika? In: Ders.: What's going on? Cultural Studies und Popularkultur (= Bd. 3: Cultural Studies. Hrsg. Von Christina Lutter, Markus Reisenleitner). Wien 2002, S. 13–49.
Grote, Andreas (Hrsg.): Macrocosmos in Microcosmo. Die Welt in der Stube. Zur Geschichte des Sammelns 1450–1800 (= Berliner Schriften zur Museumskunde). Opladen 1994.
Günther, Harri/Harksen, Sybille: Peter Joseph Lenné. Katalog der Zeichnungen. Frankfurt/Main, Tübingen, Berlin 1993.
Hajós, Beatrix: Die Schönbrunner Schloßgärten. Eine topographische Kulturgeschichte. Wien, Köln, Weimar 1995.
Hajós, Beatrix: Das kaiserliche Lieblingsprojekt. In: Renate Zedinger (Hrsg.): Lothringens Erbe. Franz Stephan von Lothringen (1708–1765) und sein Wirken in Wirtschaft, Wissenschaft und Kunst der Habsburgermonarchie. Ausstellungskatalog anlässlich der Ausstellung »Lothringens Erbe«/Schallaburg, 29.04–29.10.2000. St. Pölten 2000, S. 223–240.
Hall, Stuart/Hobson, Dorothy/Lowe, Andrew/Willis, Paul (Hrsg.): Culture, Media, Language. Working Papers in Cultural Studies 1972–79. London, New York 1980.
Hallmann, Heinz/Wenzel, Jürgen (Hrsg.): Peter Joseph Lenné, die Entwicklung des Auges. Ein Gartenkünstler als Stadtplaner. Dokumentation der Fachbereichstagung 1989, Fachbereich 14 Landschaftsentwicklung, TU Berlin. Berlin 1990.
Hannigan, John: Fantasy City. Pleasure and profit in the postmodern metropolis. London, New York 1998.
Harris, Neil: Expository Expositions. Preparing for Theme Parks. In: Karal Ann Marling

(Hrsg.): Disney's Theme Parks: The Architecture of Reassurance. Paris, New York 1997, S. 19–27.

Hauser, Susanne: Der Blick auf die Stadt. Semiotische Untersuchungen zur literarischen Wahrnehmung bis 1910 (= Reihe Historische Anthropologie 12. Hrsg. vom Forschungszentrum für Historische Anthropologie der Freien Universität Berlin). Berlin 1990.

Hediger, Heini: Zoologische Gärten gestern, heute, morgen. Bern, Stuttgart 1977.

Heilborn, Alfred: Zoo Berlin 1841–1929. Zur Geschichte des Zoologischen Gartens zu Berlin. Berlin 1929.

Heimatmuseum Charlottenburg (Hrsg.): Stadt unter Strom/Ausstellungskatalog. Berlin 1990.

Heindl, Gerhard: Kaiserliche Menagerie und zoologischer Garten. Der Tiergarten Schönbrunn im 19. und frühen 20. Jahrhundert. In: Mitchell G. Ash, Lothar Dittrich (Hrsg.): Menagerie des Kaisers – Zoo der Wiener. 250 Jahre Tiergarten Schönbrunn. Wien 2002, S. 117–157.

Heindl, Gerhard: Die Schönbrunner Menagerie: Kaiserliche Institution und bürgerlicher Tiergarten. In: Mitchell G. Ash (Hrsg.): Mensch, Tier und Zoo – Der Tiergarten Schönbrunn im internationalen Vergleich vom 18. Jahrhundert bis heute. Wien 2008, S. 151–178.

Hepp, Andreas: Cultural Studies und Medienanalyse. Opladen 1999.

Hinz, [G].: Peter Joseph Lenné und seine bedeutendsten Schöpfungen in Berlin und Potsdam. Berlin 1937.

Hoage, Robert/Deiss, W. (Hrsg.): New Worlds, New Animals: From Menagerie to Zoological Garden in the Nineteenth Century. Baltimore, London 1996.

Hochadel, Oliver: Vor den Gitterstäben. Die Besucher der Menagerie Schönbrunn im 19. und frühen 20. Jahrhundert. In: Mitchell G. Ash, Lothar Dittrich (Hrsg.): Menagerie des Kaisers – Zoo der Wiener. 250 Jahre Tiergarten Schönbrunn. Wien 2002, S. 159–179.

Hochadel, Oliver: Eine Reliquie von Alt-Wien? Die Diskussion um die Rückständigkeit der Menagerie Schönbrunn (1879–1919). In: Mitchell G. Ash (Hrsg.): Mensch, Tier und Zoo – Der Tiergarten Schönbrunn im internationalen Vergleich vom 18. Jahrhundert bis heute. Wien 2008, S. 179–202.

Hocquél, Wolfgang (Hrsg.): Architektur für den Handel: Kaufhäuser, Einkaufszentren, Galerien. Geschichte und gegenwärtige Tendenzen. Basel, Boston, Berlin 1996.

Hoffmann, Robert (Hrsg.): Bürger zwischen Tradition und Modernität (= Bd. 6: Bürgertum in der Habsburgermonarchie). Wien, Köln, Weimar 1997.

Hofmann, Achim: Der Zoologische Garten als Bauaufgabe des 19. Jahrhunderts. München 1999.

Holtorf, Cornelius: Sculptures in captivity and monkeys on megaliths. Observations in zoo archeology. In: Public Archaeology 1/2000, S. 195–210.

Holtorf, Cornelius/Van Reybrouck, David: Torwards an Archaeology of Zoos. In: International Zoo News 50/2003, S. 207–215.

Holtorf, Cornelius: Zoos als Orte des kulturellen Gedächtnisses. In: Mitchell G. Ash (Hrsg.): Mensch, Tier und Zoo – Der Tiergarten Schönbrunn im internationalen Vergleich vom 18. Jahrhundert bis heute. Wien 2008a, S. 345–361.

Holtorf, Cornelius (Hrsg.): Zoos as Heritage. International Journal of Heritage Studies 14/2008b.

Hörning: Kulturelle Kollisionen. Die Soziologie vor neuen Aufgaben. In: Karl Hörning, Rainer Winter (Hrsg.): Widerspenstige Kulturen. Cultural Studies als Herausforderung. Frankfurt/Main 1999, S. 84–115.

Hörning, Karl/Winter, Rainer (Hrsg.): Widerspenstige Kulturen. Cultural Studies als Herausforderung. Frankfurt/Main 1999.

Horak, Roman/Maderthaner, Wolfgang/Mattl, Siegfried/Musner, Lutz (Hrsg.): Stadt, Masse, Raum. Wiener Studien zur Archäologie des Popularen. Wien 2001.

Huyssen, Andreas/Bathrick, David: Modernity and the Text. Columbia Univ. Press, New York 1989.

Iby, Elfriede/Stadelmann, Christian: Die kaiserliche Menagerie in Schönbrunn von der Gründung bis zur Besetzung durch Napoleon. In: Mitchell G. Ash, und Lothar Dittrich (Hrsg.): Menagerie des Kaisers – Zoo der Wiener. 250 Jahre Tiergarten Schönbrunn. Wien 2002, S. 89–116.

Jäger, Christian/Schütz, Erhard: Glänzender Asphalt. Berlin im Feuilleton der Weimarer Republik. Berlin 1994.

Jahn, Ilse: Zoologische Gärten in Stadtkultur und Wissenschaft im 19. Jahrhundert. In: Berichte zur Wissenschaftsgeschichte 15/1992, S. 213–225.

Jardine, Nicolas/Secord, James/Spary, Emma (Hrsg.): Cultures of Natural History. Cambridge 1996.

Karg, Detlef (Red.): Peter Joseph Lenné. Gartenkunst im 19. Jahrhundert. Beiträge zur Lenné-Forschung. Hrsg. vom Brandenburgischen Amt für Denkmalpflege. Berlin 1992.

Kauffmann, Kai: »Es ist nur ein Wien!« Stadtbeschreibungen von Wien 1700 bis 1873. Geschichte eines literarischen Genres der Wiener Publizistik (= Bd. 29: Literatur in der Geschichte, Geschichte in der Literatur. In Verbindung mit Claudio Magris. Hrsg. von Klaus Amann, Friedbert Aspetsberger). Wien, Köln, Weimar 1994.

Kiesling, Vernon (Hrsg.): Zoo and Aquarium History. Ancient Animal Collections to Zoological Gardens. Boca Raton 2001.

Klebes, Günther (Hrsg.): Die Straßenbahnen Berlins in alten Ansichten. Zaltbommel 1984.

Kleinspehn, Thomas: Der flüchtige Blick. Sehen und Identität in der Kultur der Neuzeit. Reinbek bei Hamburg 1989.

Klemun, Marianne: Das Eigene und das Fremde am Tier. Von der Schweizbegeisterung zum Tirolerhof. In: Mitchell G. Ash, Lothar Dittrich (Hrsg.): Menagerie des Kaisers – Zoo der Wiener. 250 Jahre Tiergarten Schönbrunn. Wien 2002, S. 317–330.

Klemun, Marianne: Amor im Zoo: Schau-Platz, Be-Sinnen und rekursives Wahrnehmen. In: Mitchell G. Ash (Hrsg.): Mensch, Tier und Zoo – Der Tiergarten Schönbrunn im internationalen Vergleich vom 18. Jahrhundert bis heute. Wien 2008, S. 73-94.

Klös, Heinz-Georg: Von der Menagerie zum Tierparadies. 125 Jahre Zoo Berlin. Berlin 1969.

Klös, Heinz-Georg/Klös, Ursula (Hrsg.): Der Berliner Zoo im Spiegel seiner Bauten 1841–1989. Eine baugeschichtliche und denkmalpflegerische Dokumentation über den Zoologischen Garten Berlin. Berlin 1990.

Klös, Heinz-Georg/Frädrich, Hans/Klös, Ursula: Die Arche Noah an der Spree. 150 Jahre Zoologischer Garten Berlin. Eine tiergärtnerische Kulturgeschichte von 1844–1994. Berlin 1994.

Kocka, Jürgen (Hrsg.): Bürger und Bürgerlichkeit im 19. Jahrhundert. Göttingen 1987.

Kocka, Jürgen/Frey, Manuel (Hrsg.): Bürgerkultur und Mäzenatentum im 19. Jahrhundert. Berlin 1998.

Köhn, Eckhard: Straßenrausch. Flanerie und kleine Form. Versuch zur Literaturgeschichte des Flaneurs bis 1933. Berlin 1989.

Kopp, Kristin/Müller-Richter, Klaus (Hrsg.): Die »Großstadt« und das »Primitive«. Text – Politik – Repräsentation. Stuttgart, Weimar 2004.

Koppelkamm, Stefan: Künstliche Paradiese: Gewächshäuser und Wintergärten des 19. Jahrhunderts. Berlin 1988.

Kos, Wolfgang/Öhlinger, Walter (Hrsg.): Tiere in der Großstadt. Ausstellungskatalog zur 321. Sonderausstellung des Wien Museum/Hermesvilla »Tiere in der Großstadt«. Wien 2005.

Klusacek, Christine: Hietzing. Ein Bezirk im Grünen. Wien 1977.

Klusacek, Christine/Stimmer, Kurt: Leopoldstadt. Wien 1978.

Ladwig-Winters, Simone: Wertheim. Geschichte eines Warenhauses. Berlin 1997.

Lancaster, Bill: The department store. A social history. London, New York 1995.

Lange, Britta: Echt. Unecht. Lebensecht. Menschenbilder im Umlauf. Berlin 2006.

Lepenies, Wolf: Das Ende der Naturgeschichte. Wandel kultureller Selbstverständlichkeiten in den Wissenschaften des 18. und 19. Jahrhunderts. München, Wien 1976.

Lindner, Rolf: Die Entdeckung der Stadtkultur. Soziologie aus der Erfahrung der Reportage. Frankfurt/Main 1990.

Lutter, Christina/Reisenleitner, Markus: Cultural Studies. Eine Einführung (= Bd. 0: Cultural Studies). Wien 2001.

Lutter, Christina/Reisenleitner, Markus: Cultural Studies und Popularkultur (= Bd. 3: Cultural Studies). Wien 2002.

Lloyd, Jill: German Expressionism: Primitivism and Modernity. New Haven 1991.

Macho, Thomas: Zoologiken: Tierpark, Zirkus und Freakshow. In: Harmut Fischer (Hrsg.): TheaterPeripherien. Konkursbuch 35, Tübingen 2001, S. 13–33.

Macho, Thomas: Tiere in der Stadt. Ein flüchtiges Panorama. In: Wolfgang Kos, Walter Öhlinger (Hrsg.): Tiere in der Großstadt. Ausstellungskatalog zur 321. Sonderausstellung des Wien Museum/Hermesvilla: »Tiere in der Großstadt«. Wien 2005, S. 15–20.

Maderthaner, Wolfgang/Musner, Lutz: Die Anarchie der Vorstadt. Das andere Wien um 1900. Frankfurt, New York 1999.

Maderthaner, Wolfgang/Musner, Lutz: Der Aufstand der Massen – Phänomen und Diskurs. In: Roman Horak, Wolfgang Maderthaner, Siegfried Mattl, Lutz Musner (Hrsg.): Stadt, Masse, Raum. Wiener Studien zur Archäologie des Popularen (= Bd. 2: Kulturwissenschaft, hrsg. vom Bundesministerium für Bildung, Wissenschaft und Kunst). Wien 2001, S. 9–67.

Malamud, Randy: Reading Zoos. Representations of Animals and Captivity. Houndmills 1998.

Michler, Werner: Darwinismus und Literatur: Naturwissenschaftliche und literarische Intelligenz in Österreich 1859–1914. Wien 1999.

Montgomery, Scott L.: The Zoo: Theatre of Animals. In: Science as Culture 4/1995, S. 565–600.

Morris, Meaghan: Too soon – too late. History in Popular Culture. Bloomington 1998.

Mosser, Monique/Teyssot, Georges (Hrsg.): Die Gartenkunst des Abendlandes. Stuttgart 1993.

Müller-Funk, Wolfgang: Literaturwissenschaft als Kulturwissenschaft. In: Wendelin Schmidt-Dengler, Anton Schwob (Hrsg.): Germanistik im Spannungsfeld zwischen Philologie und Kulturwissenschaft. Wien 1999, S. 146–177.

Müller-Funk, Wolfgang: Die Kultur und ihre Narrative. Eine Einführung. Wien, New York 2002.

Mullan, Bob/Marvin, Garry: Zoo Culture. The book about watching people watch animals. Urbana 1999.

Musner, Lutz/Wunberg, Gotthart: Kulturwissenschaften. In: Beiträge zur historischen Sozialkunde 1999, S. 3–6.

Naremore, James/Brantlinger, Patrick (Hrsg.): Modernity and Mass Culture. Bloomington 1991.

Nava, Mica: Modernity's Disavowal. Women, the city and the department store. In: Dies.: Alan O'Shea: Modern Times. New York 1996, S. 38–76.

Nelle, Florian: Künstliche Paradiese. Vom Barocktheater zum Filmpalast. Würzburg 2005.

Neumann, Gerhard/Weigel, Sigrid (Hrsg.): Lesbarkeit der Kultur. Literaturwissenschaften zwischen Kulturtechnik und Ethnographie. München 2000.

Neumeyer, Harald: Der Flaneur. Konzeptionen der Moderne (= Epistemata: Reihe Literaturwissenschaft 252). Würzburg 1999.

Oettermann, Stephan: Das Panorama. Die Geschichte eines Massenmediums. Frankfurt/Main 1980.

Öhlinger, Walter: Wien im Aufbruch zur Moderne (= Bd. 5: Geschichte Wiens). Wien 1999.

Paust, Bettina: Studien zur barocken Menagerie im deutschsprachigen Raum (= Manuskripte zur Kunstwissenschaft 43). Worms 1996.

Pfannstil, Margot: ›Der Locomotivkönig‹. Berliner Bilder aus der Zeit August Borsigs. Berlin 1987.

Pickering, Michael: History, Experience and Cultural Studies. Basingstoke 1997.

Reinisch, Ulrich: Lennés Wirken als Stadtplaner von Berlin. In: Detlef Karg (Red.): Peter Joseph Lenné. Gartenkunst im 19. Jahrhundert. Beiträge zur Lenné-Forschung. Hrsg. v. Brandenburgischen Amt für Denkmalpflege. Berlin 1992, S. 34–85.

Rieke-Müller, Annelore: Von der lebendigen Kunstkammer zur fürstlichen Liebhaberei. Fürstliche Menagerien im deutschsprachigen Raum während des 18. Jahrhunderts. Preprint 74 des Max Planck-Instituts für Wissenschaftsgeschichte, 1997.

Rieke-Müller, Annelore/Dittrich, Lothar: Der Löwe brüllt nebenan. Die Gründung Zoologischer Gärten im deutschsprachigen Raum 1833–1869. Köln 1998.

Rilke, Rainer Maria: Die Aufzeichnungen des Malte Laurids Brigge. München 1997.

Ritvo, Harriet: The Animal Estate. The English and Other Creatures in the Victorian Age. Cambridge/Mass 1987.

Ritvo, Harriet: The Platypus and the Mermaid and Other Figments of the Classifying Imagination. Cambridge/Mass. 1998.

Rotenberg, Robert: Landscape and Power in Vienna. Baltimore, London 1995.

Rothfels, Nigel: Savages and Beasts. The birth of the modern zoo. John Hopkins Univ. Press, Baltimore, London 2002.

Rumpler, Helmut: Eine Chance für Mitteleuropa. Bürgerliche Emanzipation und Staatsverfall in der Habsburgermonarchie (= Bd. 1804–1914: Österreichische Geschichte. Hrsg. von Herwig Wolfram). Wien 1997.

Scherpe, Klaus: Die Unwirklichkeit der Städte: Großstadtwahrnehmungen zwischen Moderne und Postmoderne. Reinbek bei Hamburg 1988.

Scherpe, Klaus: Stadt als Erzählung. Großstadtdarstellungen in der Literatur der Moderne. In: Gerhard Melzer (Hrsg.): Stadtkultur-Kulturstadt. Graz 1994, S. 135–157.

Scherpe, Klaus: Kanon-Text-Medium. Kulturwissenschafliche Motivationen für die Literaturwissenschaft. In: Wendelin Schmidt-Dengler, Anton Schwob (Hrsg.): Germanistik im Spannungsfeld zwischen Philologie und Kulturwissenschaft. Wien 1999, S. 19–35.

Schivelbusch, Wolfgang: Geschichte der Eisenbahnreise. Zur Industrialisierung von Raum und Zeit im 19. Jahrhundert. Frankfurt/Main 1989.

Schlawe, Lothar: Unbekannter Zoologischer Garten bei Berlin 1844–1869. Berlin 1963.

Schmidt-Dengler, Wendelin/Schwob, Anton (Hrsg.): Germanistik im Spannungsfeld zwischen Philologie und Kulturwissenschaft. Wien 1999.

Schorske, Carl E.: Wien. Geist und Gesellschaft im Fin de Siècle. Frankfurt/Main 1982.

Schratter, Dagmar (Hrsg.): Von Kaiser bis Känguru. Neues zur Geschichte des ältesten Zoos der Welt. Wien 2005.

Schutte, Jürgen/Sprengel, Peter (Hrsg.): Die Berliner Moderne 1885–1914. Stuttgart 1987.

Schwarz, Angela (Hrsg.): Der Park in der Metropole. Urbanes Wachstum und städtische Parks im 19. Jahrhundert. Bielefeld 2005.

Schwarz, Werner Michael: Anthropologische Spektakel. Zur Schaustellung ›exotischer‹ Menschen, Wien 1870–1910. Wien 2001.

Schwenk, Herbert: Berliner Stadtentwicklung vom A bis Z. Berlin 1998.

Seiler, Michael/Hamm, Manfred: Inszenierte Landschaften. Blicke ins preußische Arkadien. Berlin 1999.

Siebenhaar, Klaus (Hrsg.): Das poetische Berlin. Metropolenkultur zwischen Gründerzeit und Nationalsozialismus. Wiesbaden 1992.

Sorkin, Michael (Hrsg.): Variations on a Theme Park. The New American City and the End of Public Space. New York 1999.

Spary, Emma C.: Codes der Leidenschaft. Französische Vogelsammlungen als eine Sprache der vornehmen Gesellschaft. In: Dies., Anke te Heesen (Hrsg.): Sammeln als Wissen. Das Sammeln und seine wissenschaftsgeschichtliche Bedeutung. Göttingen 2002, S. 39–61.

Sprengel, Peter (Hrsg.): Berlin-Flaneure: Stadt-Lektüre in Roman und Feuilleton 1910–1930. Berlin 1998.

Sprengel, Peter/Streim, Georg: Berliner und Wiener Moderne: Vermittlungen und Abgrenzungen in Literatur, Theater, Publizistik. Wien, Köln, Weimar 1998.

Stadelmann, Christian: Als der Kaiser die Bürger entdeckte. Das Programm der Menagerie Schönbrunn im 18. Jahrhundert. In: Mitchell G. Ash (Hrsg.): Mensch, Tier und Zoo – Der Tiergarten Schönbrunn im internationalen Vergleich vom 18. Jahrhundert bis heute. Wien 2008, S. 53–72.

Stekl, Hannes: Wiener Mäzene im 19. Jahrhundert. In: Jürgen Kocka, Manuel Frey (Hrsg.): Bürgerkultur und Mäzenatentum im 19. Jahrhundert. Berlin 1998.

Storey, John: An Introductory Guide to Cultural Theory and Popular Culture. New York u.a. 1993.

Strehlow, Harro: Stall, Palast oder Heim. Architektur im Zoologischen Garten Berlin. In: Museumsjournal 8/1994a, S. 26–37.

Strehlow, Harro: »Das Merkwürdigste auf der Insel waren mir die lebendigen Thiere«. Ein Besuch Christian Ludwig Brehms in der Menagerie auf der Pfaueninsel im Oktober 1832. In: Bongo 24/1994b (= Jubiläums-Sonderband: Spurensuche: 150 Jahre Zoologischer Garten Berlin), S. 31–50.

Strehlow, Harro: Die Entwicklung der Tiergärten: Die Berliner Tiergärten. In: Mitchell G. Ash (Hrsg.): Mensch, Tier und Zoo – Der Tiergarten Schönbrunn im internationalen Vergleich vom 18. Jahrhundert bis heute. Wien 2008, S. 315–334.

Strinati, Dominic: An introduction to theories of popular culture. London/New York 1996.

Tanzer, Gerhard: Spectacle müssen seyn. Die Freizeit der Wiener im 18. Jahrhundert. Wien, Köln, Weimar 1983.

Torgovnick, Marianne: Gone Primitive. Savage Intellects, Modern Lives. Chicago 1990.

Urbanitsch, Peter: Bürgertum und Politik in der Habsburgermonarchie. Eine Einführung. In: Ernst Bruckmüller, Ulrike Döcker, Hannes Stekl, Peter Urbanitsch (Hrsg.): Bürgertum in der Habsburgermonarchie. Wien, Köln 1990, S. 165–176.

Wentz, Martin: Stadt-Räume (= Bd. 2: Die Zukunft des Städtischen. Frankfurter Beiträge. Hrsg. vom Dezernat Stadtplanung der Stadt Frankfurt/Main). Frankfurt/Main 1991.

Wessely, Christina: »Um das Rhinozeros zu sehen, beschloss auch ich, hinauszugehen«. Spazierengehen und Wahrnehmen im Tiergarten. In: Mitchell G. Ash, Lothar Dittrich (Hrsg.): Menagerie des Kaisers – Zoo der Wiener. 250 Jahre Tiergarten Schönbrunn. Wien 2002, S. 417–439.

Wessely, Christina/Ebner, Paul/Feigl, Markus: »The hug of the Wild«. Inszenierungen des Natürlichen im Tiergarten Schönbrunn. In: Christina Lutter, Lutz Musner (Hrsg.): Kulturstudien in Österreich. Wien 2003, S. 101–116.

Wessely, Christina: »Bilder, die das Publikum niemals vergisst« – Zoos als Kataloge des Exotischen. In: Eutropa. Malerei und Zeichnung von Fischen und tropischem Gestrüpp in Europa. Ein internationales Kunstprojekt. http//:www.dasmwk.net/eutropa/texts/essayde.html, 16.07.2008.

Wessely, Christina: Lesarten des Natürlichen. Tiergarten und Stadt im 19. Jahrhundert. In: Mitchell G. Ash (Hrsg.): Mensch, Tier und Zoo – Der Tiergarten Schönbrunn im internationalen Vergleich vom 18. Jahrhundert bis heute. Wien 2008, S. 133–149.

Wilhelm, Karin: Städtebau als Kulturtheorie – Camillo Sittes ›Der Städtebau nach seinen künstlerischen Grundsätzen‹. In: Lutz Musner, Gotthart Wunberg, Christina Lutter (Hrsg.): Cultural Turn. Zur Geschichte der Kulturwissenschaften. Wien 2001, S. 89–109.

Williams, Raymond: Culture. Glasgow 1981.

Williams, Raymond: Culture and Society: 1780–1950. New York 1983.

Williams, Raymond: ›Mass Communication‹ and ›Minority Culture‹. In: Paul Marris, Sue Thornham (Hrsg.): Media Studies: A Reader. Edinburgh 1996, S. 35–40.

Williams, Rosalind H.: Dream worlds: Mass Consumption in Late Nineteenth-Century France. Los Angeles 1991.

Wimmer, Clemens Alexander: Geschichte der Gartentheorie. Darmstadt 1989.

Wimmer, Clemens Alexander: Arbeitsweise und Arbeitsorganisation bei Lenné. In: Heinz Hallmann, Jürgen Wenzel (Hrsg.): Peter Joseph Lenné, die Entwicklung des Auges. Ein Gartenkünstler als Stadtplaner. Dokumentation der Fachbereichstagung 1989, Fachbereich 14 Landschaftsentwicklung, TU Berlin. Berlin 1990, S. 91–123.

Winter, Rainer/Mikos, Lothar (Hrsg.): Die Fabrikation des Populären. Der John Fiske Reader. Bielefeld 2001.

Wolch, Jennifer/Emel, Jody (Hrsg.): Animal Geographies: Place, Politics, and Identity in the Nature-Culture Borderlands. London 1998.

Wonders, Karen: Habitat Dioramas. Illusions of Wilderness in Museums of Natural History. Uppsala 1993.

Wunberg, Gotthart (Hrsg.): Die Wiener Moderne. Literatur, Kunst und Musik zwischen 1890 und 1910. Stuttgart 1981.

Wylson, Anthony/Wylson, Patricia: Theme Parks, Leisure Centres, Zoos and Aquaria. Harlow 1994.

Yew, Wie (Hrsg.): Noah's Art. Zoo, Aquarium, Aviary and Wildlife Park Graphics. Singapur 1991.

Zedinger, Renate (Hrsg.): Lothringens Erbe. Franz Stephan von Lothringen (1708–1765) und sein Wirken in Wirtschaft, Wissenschaft und Kunst der Habsburgermonarchie. Ausstellungskatalog anlässlich der Ausstellung »Lothringens Erbe«/Schallaburg (29.04–29.10.2000). St. Pölten 2000.

Zedinger, Renate: Kaiser Franz I. Stephan (1708–1765). Gründer der Menagerie, Förderer von Wissenschaft und Forschung. In: Mitchell G. Ash, Lothar Dittrich (Hrsg.): Menagerie des Kaisers – Zoo der Wiener. 250 Jahre Tiergarten Schönbrunn. Wien 2002, S. 69–88.
Zukin, Sharon: The Cultures of Cities. Cambridge/Mass. 1995.

Abbildungsnachweis

Trotz intensiver Recherche konnten einige der Bildrechte nicht geklärt werden. Wir bitten die Urheber im Zweifelsfall, sich direkt an den Verlag wenden.

Abb. 1: Netzplan der Wiener U-Bahn. Mit freundlicher Genehmigung der Wiener Linien.
Abb. 2: Konzert im Zoologischen Garten. Zeichnung von Knut Ekwall 1872. In: Engel/Jersch-Wenzel/Treue 1989, S. 330.
Abb. 3: Dampfbahn zum Zoo. Sammlung Klebes. In: Klebes 1984, Abb. 4.
Abb. 4: Führer durch den Zoologischen Garten Berlin 1872, Titelblatt.
Abb. 5: »Wegweiser zu den renommirten Geschäften Berlins«. In: Aktien-Verein des Zoologischen Gartens zu Berlin 1872, S. 31.
Abb. 6: Der Drill. In: Brehm 1864, S. 92.
Abb. 7: Hyänen und Schakals. In: Brehm 1864, S. 457.
Abb. 8: »Kampf der männlichen Löwen im zoologischen Garten zu Berlin«. Zeichnung von Heinrich Leutemann. In: Leutemann/1875 S. 192.
Abb. 9: Plan des Zoologischen Gartens Berlin. In: Heck 1912, angefügter Faltplan.
Abb. 10: Dickhäuterhaus (»Elefantenpagode«). In: Anonym 1902b, S. 155.
Abb. 11: Eingang zum Straußenhaus. In: Anonym 1902c, S. 160/61.
Abb. 12: Haus für große Raubtiere (»Raubtiergallerie«), Grundriss. In: Anonym 1902c, S. 163.
Abb. 13: Haus für große Raubtiere (»Raubtiergallerie«), innere Perspective. In: Anonym 1902c, S. 163.
Abb. 14: Pflanzenraum des Warenhauses A. Wertheim/Berlin. In: Warenhaus Wertheim 1903/04, S. 146.
Abb. 15: Warenhaus Wertheim/Neubau Oranienstraße, Innenansicht um 1896. In: Ladwig-Winters 1997 (Archiv der Autorin), S. 20.
Abb. 16: Antilopenhaus, Ansicht Innenhalle. In: Anonym 1902b, S. 153.
Abb. 17: »Garnierte Damenhüte«. In: Warenhaus Wertheim (Hrsg.) 1903/04, S. 20.
Abb. 18: Klassifikation der Nagetiere. In: Bromme 1861, Tafel 7.
Abb. 19: »Künstliche Tiere etc.« In: Warenhaus Wertheim (Hrsg.) 1903/04, S. 173.
Abb. 20: »Der neue Concertsaal im alten Restaurationsgebäude«. In: Knauer 1893, S. 78.
Abb. 21: »In der Arena«. In: Knauer 1893, S. 83.